DR. MATTEO FARINELLA   DR. HANA ROŠ

DAS GEHIRN

AUS DEM ENGLISCHEN VON ULRIKE BECKER

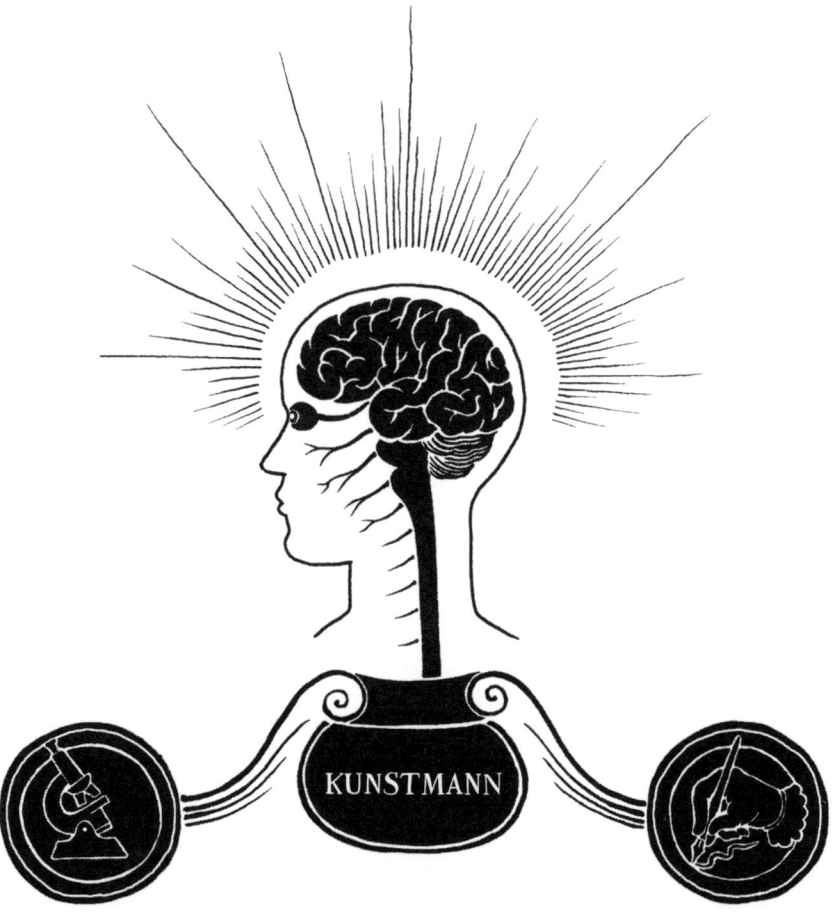

KUNSTMANN

DR. MATTEO FARINELLA wurde in Bologna geboren und promovierte 2013 am renommierten University College London in Neurowissenschaften. Seither kombiniert er seine Leidenschaft für Illustration mit wissenschaftlicher Expertise und arbeitet an Projekten, die Wissenschaft durch Visualisierung zugänglicher machen. Seit 2016 betreut er als *Presidential Scholar in Society and Neuroscience* ein entsprechendes Forschungsprojekt an der Columbia University in New York. „Das Gehirn" ist sein erstes Buch, die Arbeit daran wurde vom Wellcome Trust gefördert und hat mehrere Preise erhalten, u.a. den *Prix du Livre „Sciences pour Tous"* und den *Best Sciene-themed Comics Award* des World Science Festivals. Mehr auf *matteofarinella.com*

DR. HANA ROŠ schloss ihr Studium der Neurowissenschaften am University College London ab, um danach an der University of Oxford zu promovieren. Nach einem Postgraduiertenstipendium in Yale kehrte sie 2009 als wissenschaftliche Mitarbeiterin ans UCL zurück. Hana Roš schreibt über die Ergebnisse ihrer Forschungsarbeit in Fachmagazinen wie *Nature Neuroscience* und *Journal of Neuroscience,* interessiert sich daneben aber auch stark für die Vermittlung wissenschaftlicher Inhalte durch Filme und Bilder.

Alle Rechte vorbehalten.
© Verlag Antje Kunstmann GmbH, München 2018
© der Originalausgabe: Matteo Farinella und Hana Roš
Die Originalausgabe erschien unter dem Titel „Neurocomic"
bei Nobrow Press, London 2013.
Satz: buero8, Wien
Druck und Bindung: CPI - Clausen und Bosse, Leck
ISBN 978-3-95614-264-2

PROLOG

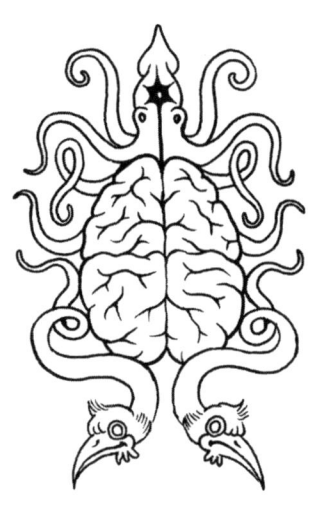

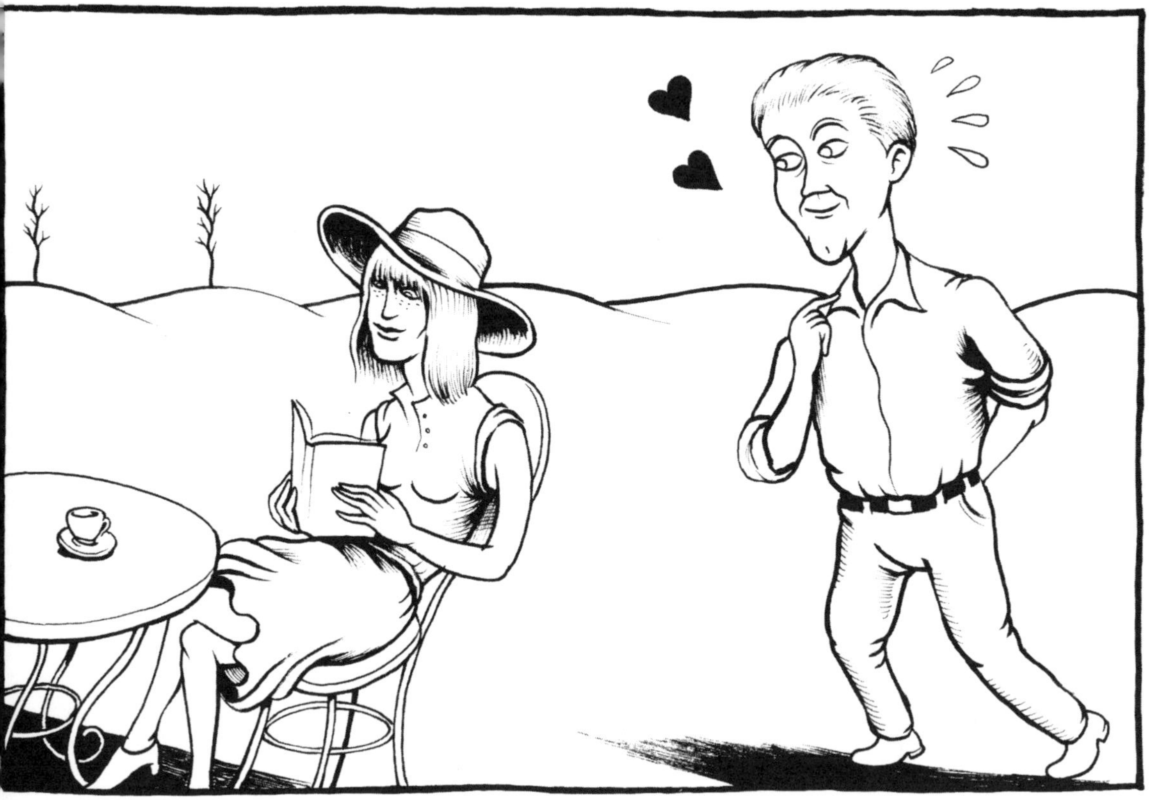

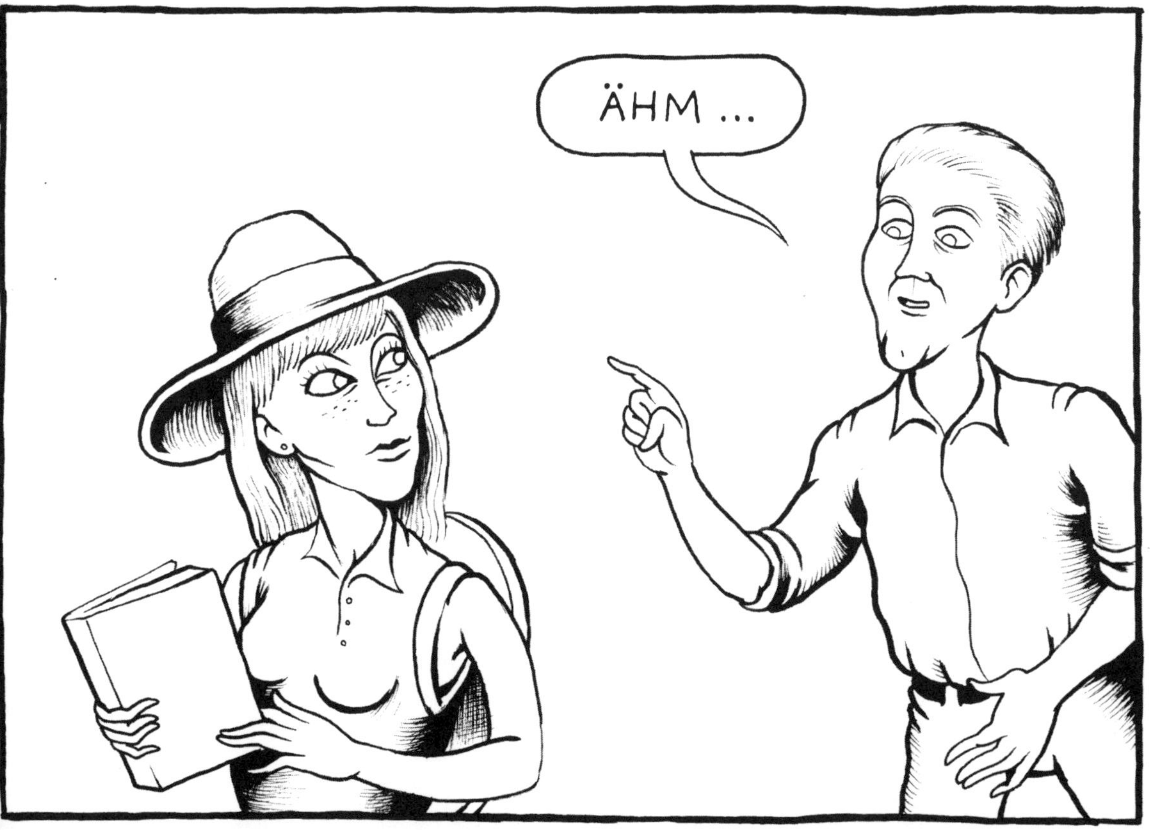
ÄHM ...

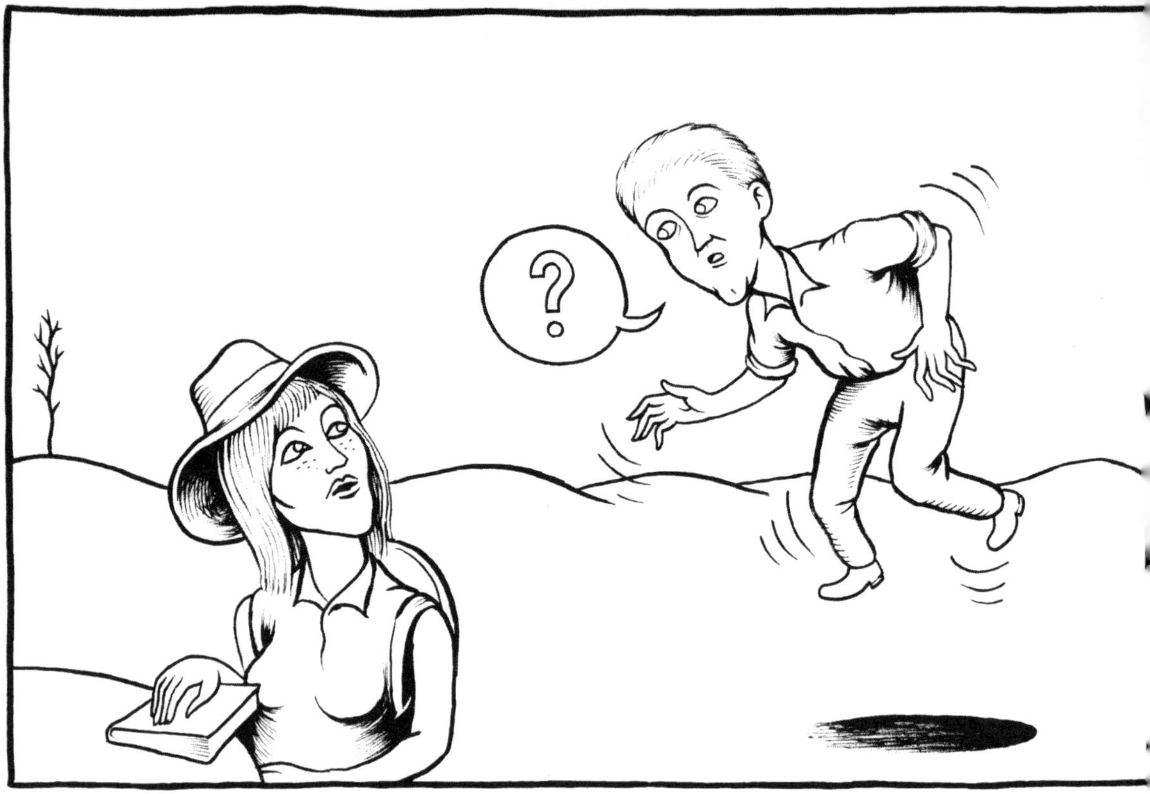

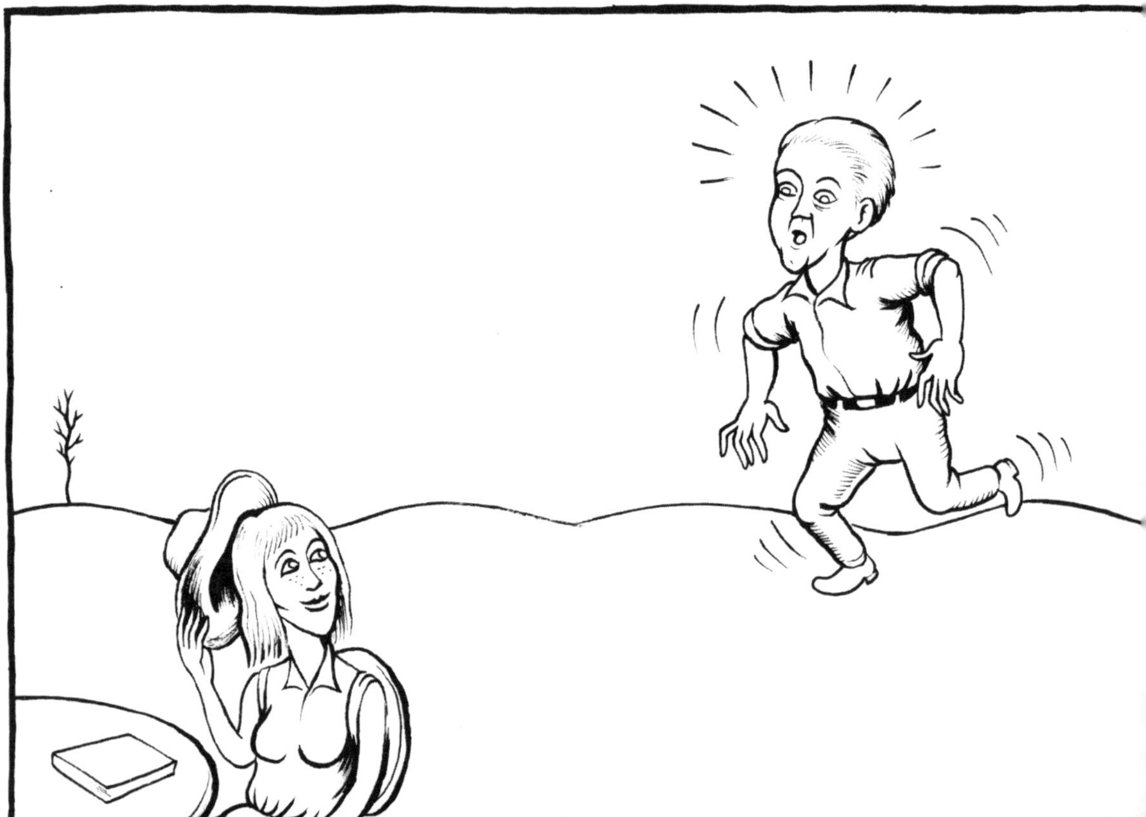

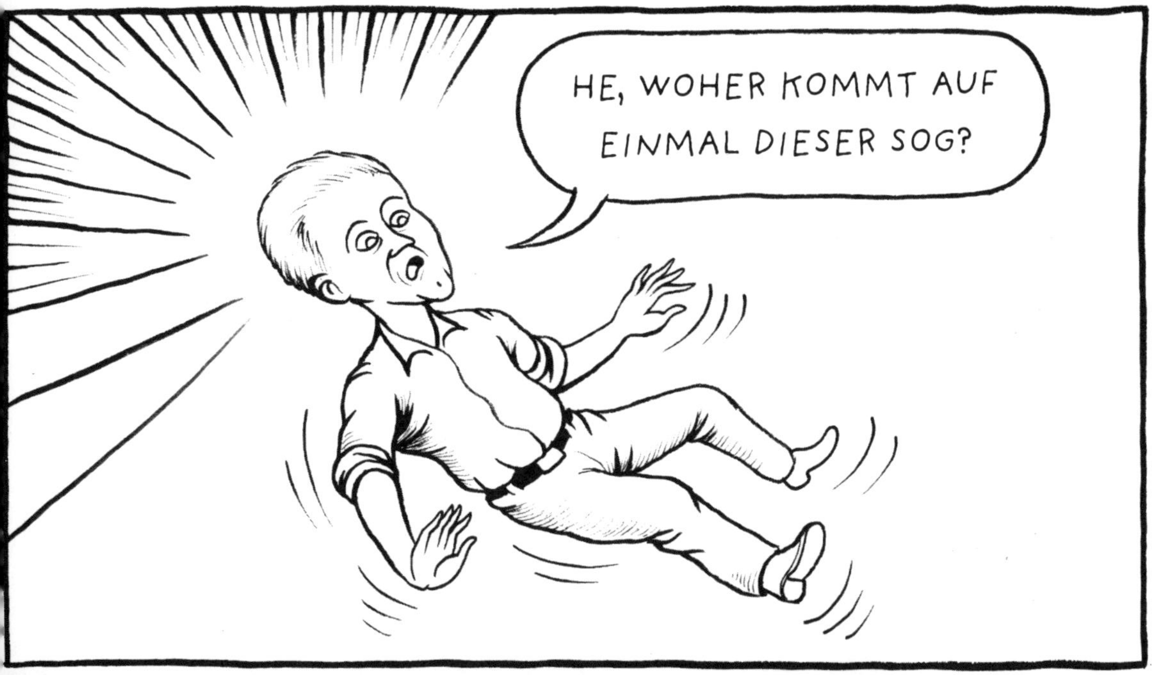
HE, WOHER KOMMT AUF EINMAL DIESER SOG?

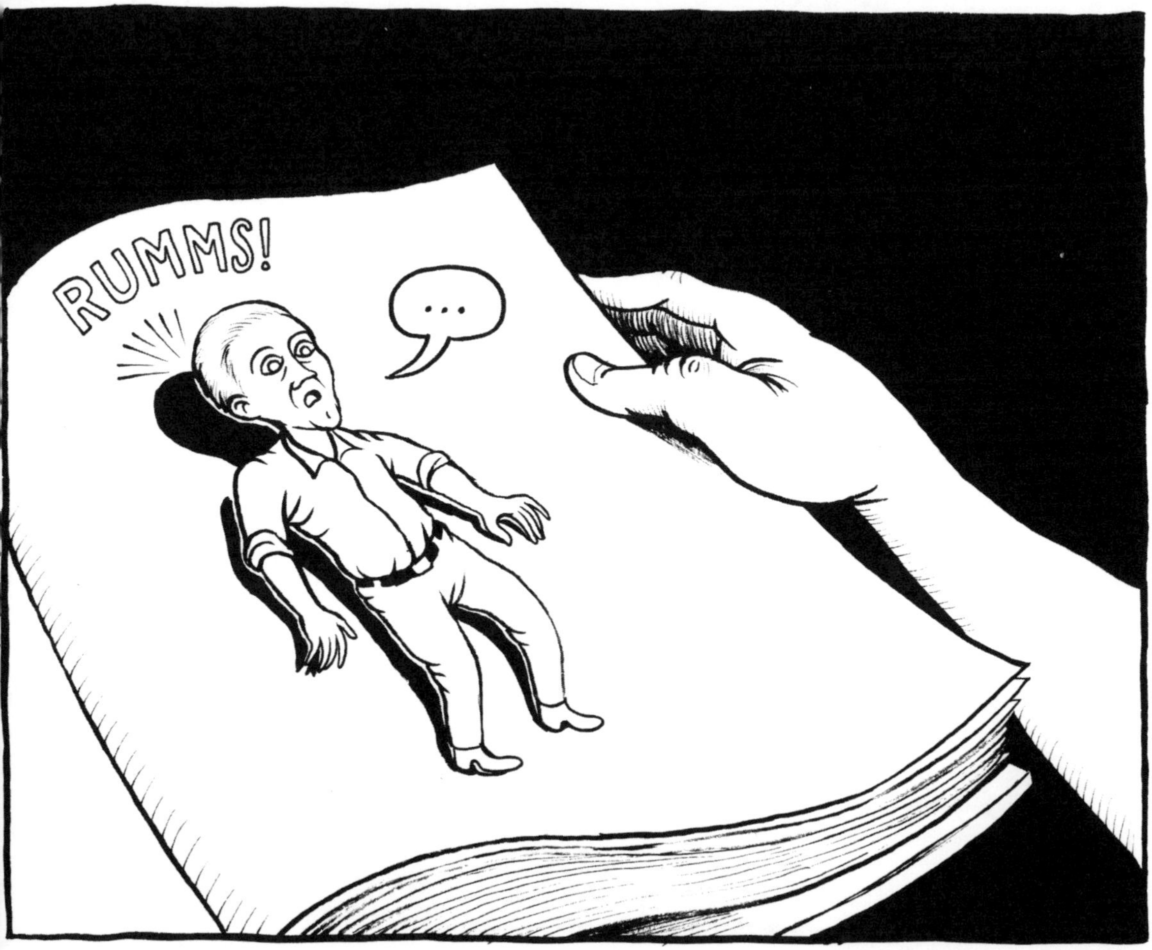
RUMMS!
...

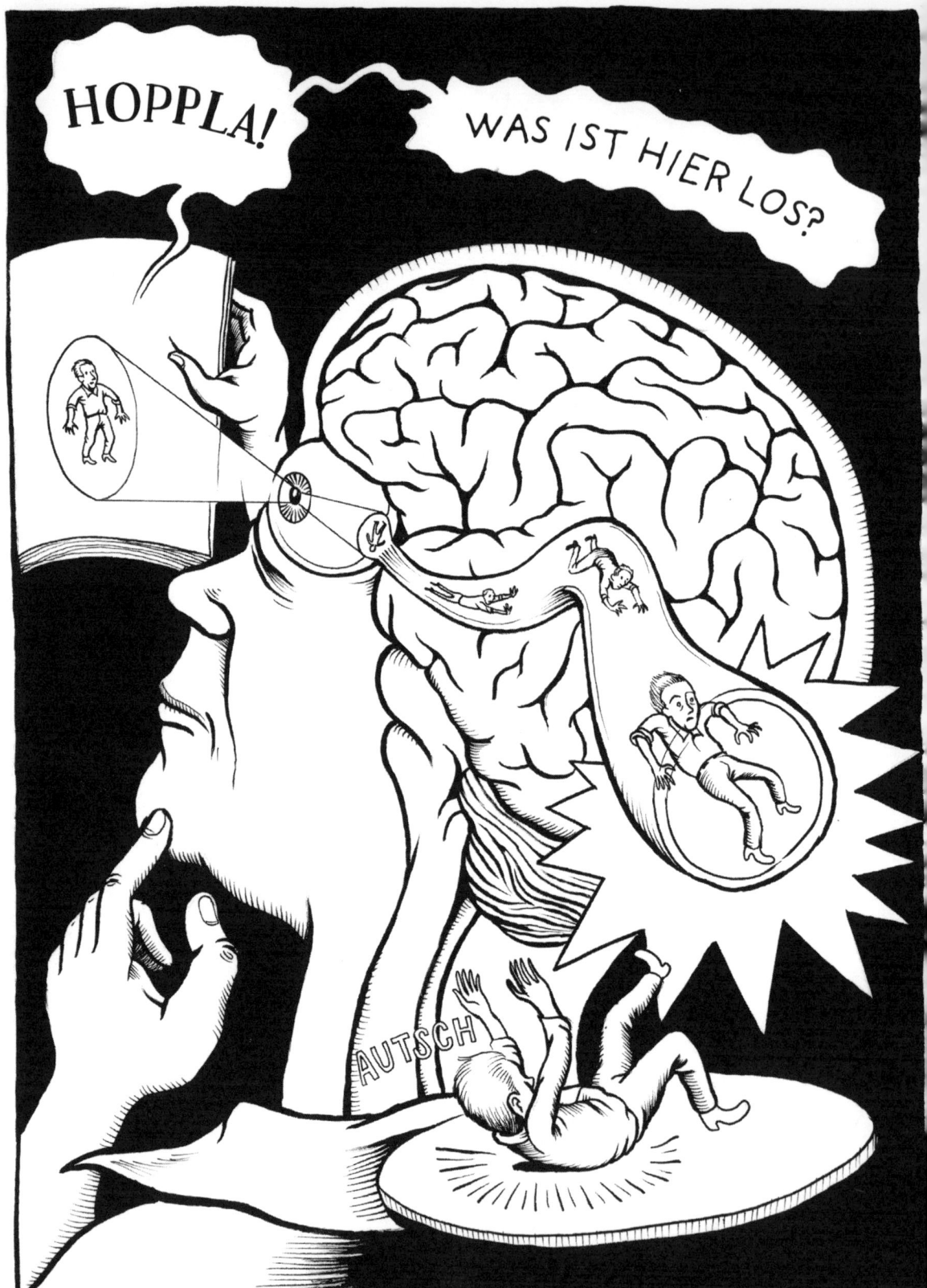

WO BIN ICH?

SIEHT AUS WIE EIN DICHTER WALD.

MORPHOLOGIE

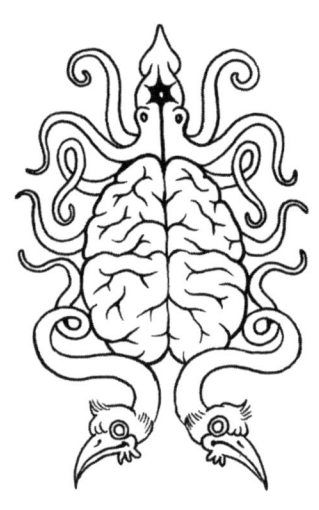

DA DRÜBEN
STEHT JEMAND ...

IST HIER EINE JUNGE FRAU VORBEIGEKOMMEN?

ICH FÜRCHTE, HIER GIBT'S NICHT SO VIELE FRAUEN, MEIN LIEBER.

GERADE EBEN WAR SIE ABER NOCH DA ...

ICH MUSS SIE UNBEDINGT WIEDERFINDEN. WO FÜHRT EIN WEG AUS DIESEM WALD HERAUS?

SIE NARR, HIER FÜHRT **KEIN** WEG HERAUS!

SIE SIND IM **GEHIRN!** MITTEN IM ZENTRUM IHRES EIGENEN DASEINS ...

DAS SIND AUCH KEINE BÄUME. ES SIND **NEURONEN:** DIE FEIN VERÄSTELTEN ZELLEN, AUS DENEN SICH IHR **NERVENSYSTEM** ZUSAMMENSETZT.

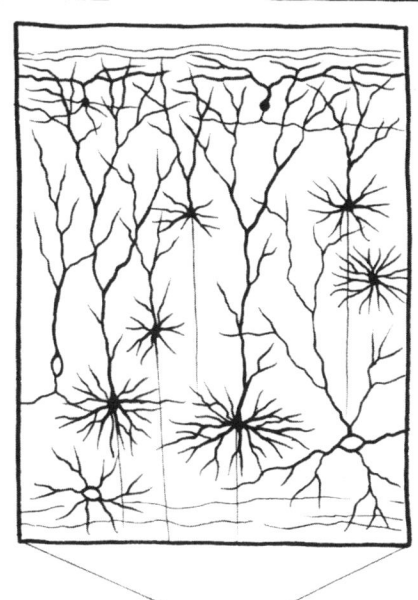

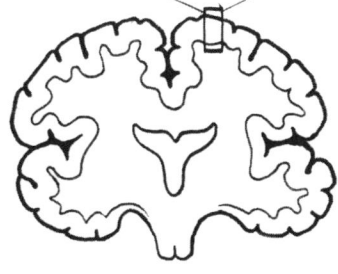

MIT DEN NEURONEN FÄNGT ALLES AN UND HÖRT ALLES AUF:
VON IHREN SINNESREZEPTOREN BIS ZU DEN NERVEN, DIE IHRE MUSKELN
STEUERN. SÄMTLICHE GEFÜHLE, ERINNERUNGEN UND TRÄUME SIND
IN DIESE ZELLEN EINGESCHRIEBEN.

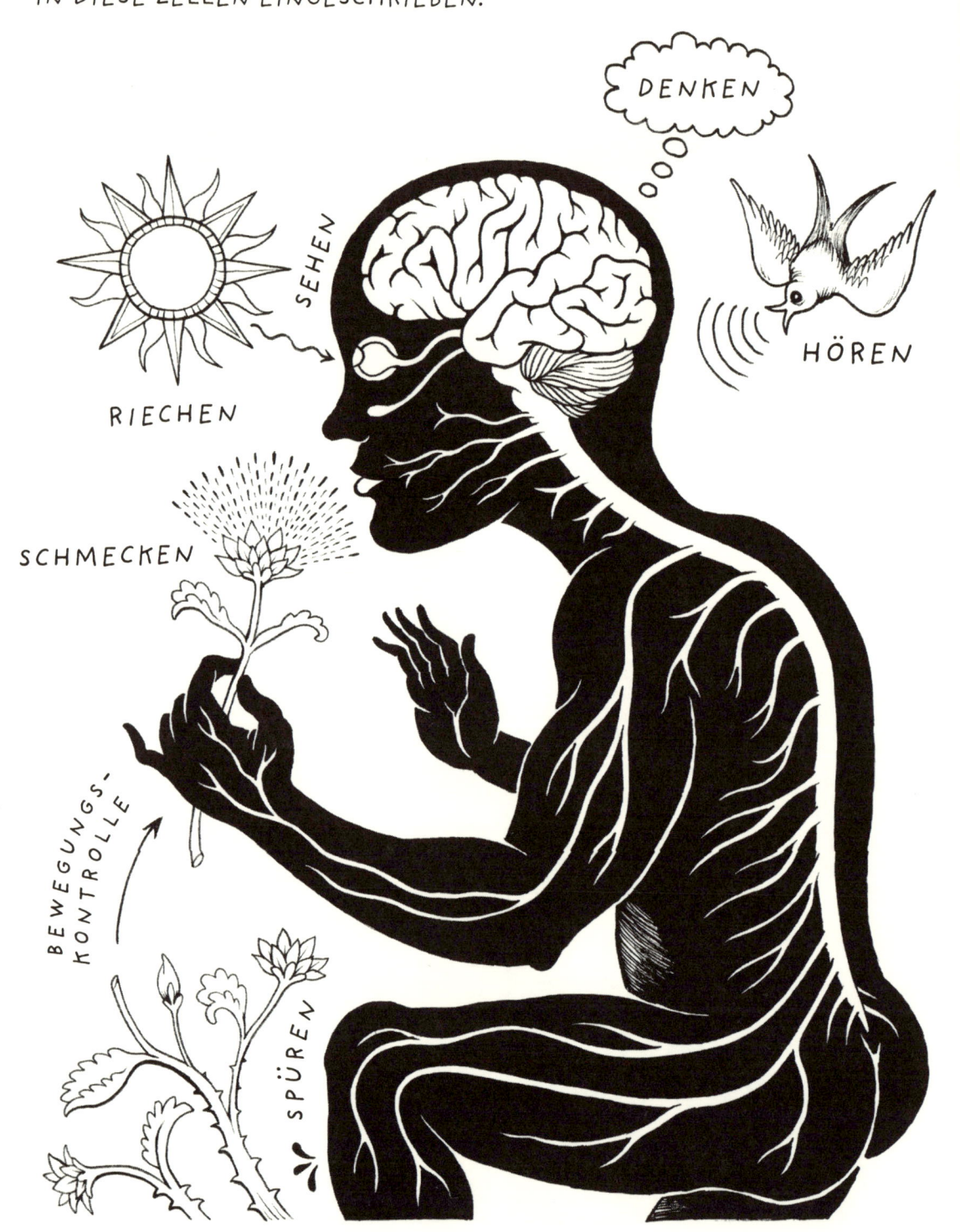

DENKEN

SEHEN

HÖREN

RIECHEN

SCHMECKEN

BEWEGUNGS-
KONTROLLE

SPÜREN

IN DEM, WAS SIE HIER FÜR EINEN WALD HALTEN, LIEGT DAS GEHEIMNIS DES MENSCHLICHEN GEISTES ...

MEIN LEBEN LANG BESCHÄFTIGE ICH MICH SCHON MIT DEN NEURONEN UND VERSUCHE, IHREM RÄTSEL AUF DIE SPUR ZU KOMMEN. DOCH LEIDER HABEN WIR DIE GANZE WAHRHEIT NOCH NICHT ENTDECKT.

Santiago Ramón y Cajal (1852–1934) war ein spanischer Neurowissenschaftler und Nobelpreisträger. Wegen seiner bahnbrechenden Forschungen zur Gehirnstruktur gilt er bis heute als Vater der Neurowissenschaft, aber er war auch ein leidenschaftlicher Zeichner.

NICHT SO SCHNELL, HERR CAJAL! SIE KÖNNEN DIE LORBEEREN NICHT ALLEINE EINHEIMSEN. OHNE MICH HÄTTEN SIE KEIN EINZIGES NEURON GESEHEN.

DENN ICH HABE DIE „SCHWARZE REAKTION" ENTDECKT, DURCH DIE WIR DIE NEURONEN ERST SICHTBAR MACHEN KONNTEN.

Camillo Golgi (1843–1926) war ein italienischer Wissenschaftler und Nobelpreisträger, der eine Methode erfand, mit der man eine begrenzte Anzahl von Neuronen einfärben konnte, wodurch ihre komplex verzweigte Struktur unter dem Mikroskop erkennbar wurde.

SCHON, HERR GOLGI, ABER IHRE **RETIKULARTHEORIE** IST FALSCH!

SIE WAREN DER MEINUNG, DASS NERVENZELLEN SICH ZU EINEM NETZ ODER **RETIKULUM** VERBINDEN, WAS (VON WENIGEN AUSNAHMEN ABGESEHEN) ABER MIT SICHERHEIT NICHT DER FALL IST ...

ABER, ABER, DIE HERREN! BERUHIGEN SIE SICH. IMMERHIN SIND SIE WISSENSCHAFTLER ...

SIE ...

SIE HABEN RECHT, NATÜRLICH ... BITTE UM VERZEIHUNG.

UM GERECHT ZU SEIN: PROF. GOLGI LAG RICHTIG MIT DER ANNAHME, DASS ZWISCHEN DEN NEURONEN IM NERVENSYSTEM INFORMATIONEN FLIESSEN.

HABEN SIE VIELEN DANK, WERTER HERR KOLLEGE.

ABER NATÜRLICH HAT SICH PROF. CAJALS **NEURONENLEHRE** LETZTENDLICH ALS ZUTREFFEND ERWIESEN.

JEDES NEURON IST EINE EIGENSTÄNDIGE EINHEIT MIT EINER KLAR DEFINIERTEN STRUKTUR. GEWÖHNLICH LASSEN SICH DREI TEILE UNTERSCHEIDEN:

DIE **DENDRITEN:** FEINE VERÄSTELUNGEN, DIE ERREGUNGEN VON VIELEN ANDEREN NEURONEN EMPFANGEN

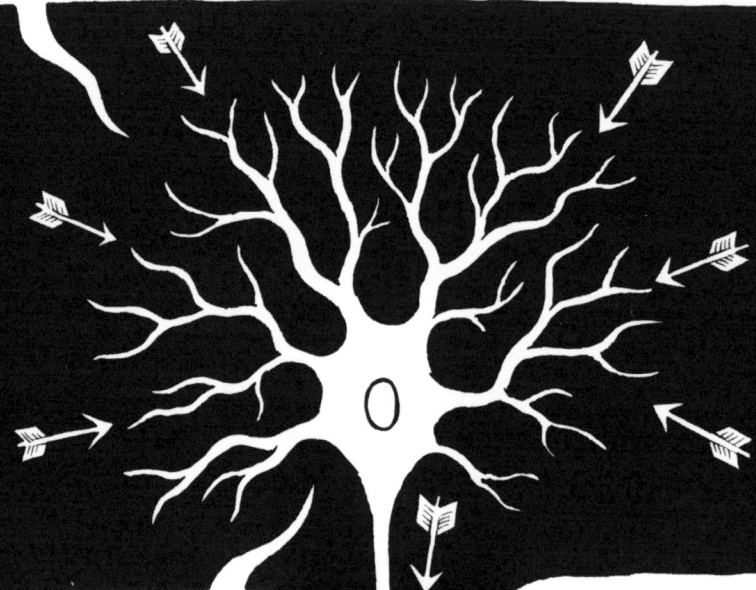

DAS **SOMA**
(AUCH ZELLKÖRPER),
WO ALLE DENDRITEN
ZUSAMMENLAUFEN UND
DIE ERREGUNGEN ZU
EINEM SIGNAL
VERBUNDEN WERDEN

DAS **AXON,**
DAS AUS DEM SOMA
ENTSPRINGT UND
DAS NEURONENSIGNAL
ZU DEN DENDRITEN
ANDERER NEURONEN
WEITERGIBT

ALLERDINGS KOMMEN NEURONEN IN BEINAHE JEDER VORSTELLBAREN GESTALT VOR:

DAS HIER IST JAY, EINER MEINER LIEBLINGE, EINE KLEINE **KÖRNERZELLE.**

WUFF WUFF

ER HAT NUR VIER KURZE DENDRITEN UND TROTZ SEINER GERINGEN GRÖSSE DIESES UNGLAUBLICH LANGE AXON ...

TÄTSCHEL TÄTSCHEL

HM, ABER EINES VERSTEHE ICH NICHT:

WENN DIE NEURONEN NICHT PHYSISCH MITEINANDER VERBUNDEN SIND, WIE KÖNNEN DANN AXONE UND DENDRITEN MITEINANDER KOMMUNIZIEREN?

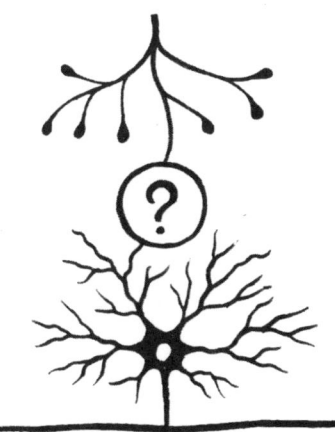

MAL INTERESSE HEUCHELN. VIELLEICHT ZEIGEN SIE MIR DANN DEN WEG RAUS.

UM EINE ANTWORT AUF DIESE FRAGE ZU ERHALTEN, MÜSSEN SIE INS INNERE DES NEURONS SCHAUEN.

BITTE SCHÖN, NACH IHNEN ...

!?

PHARMAKOLOGIE

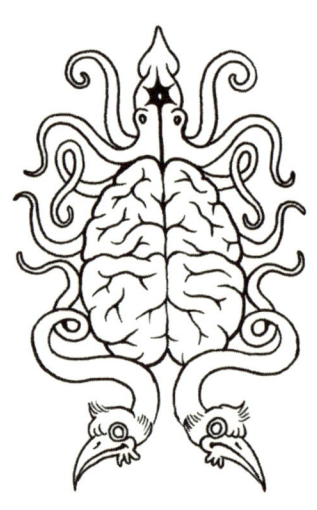

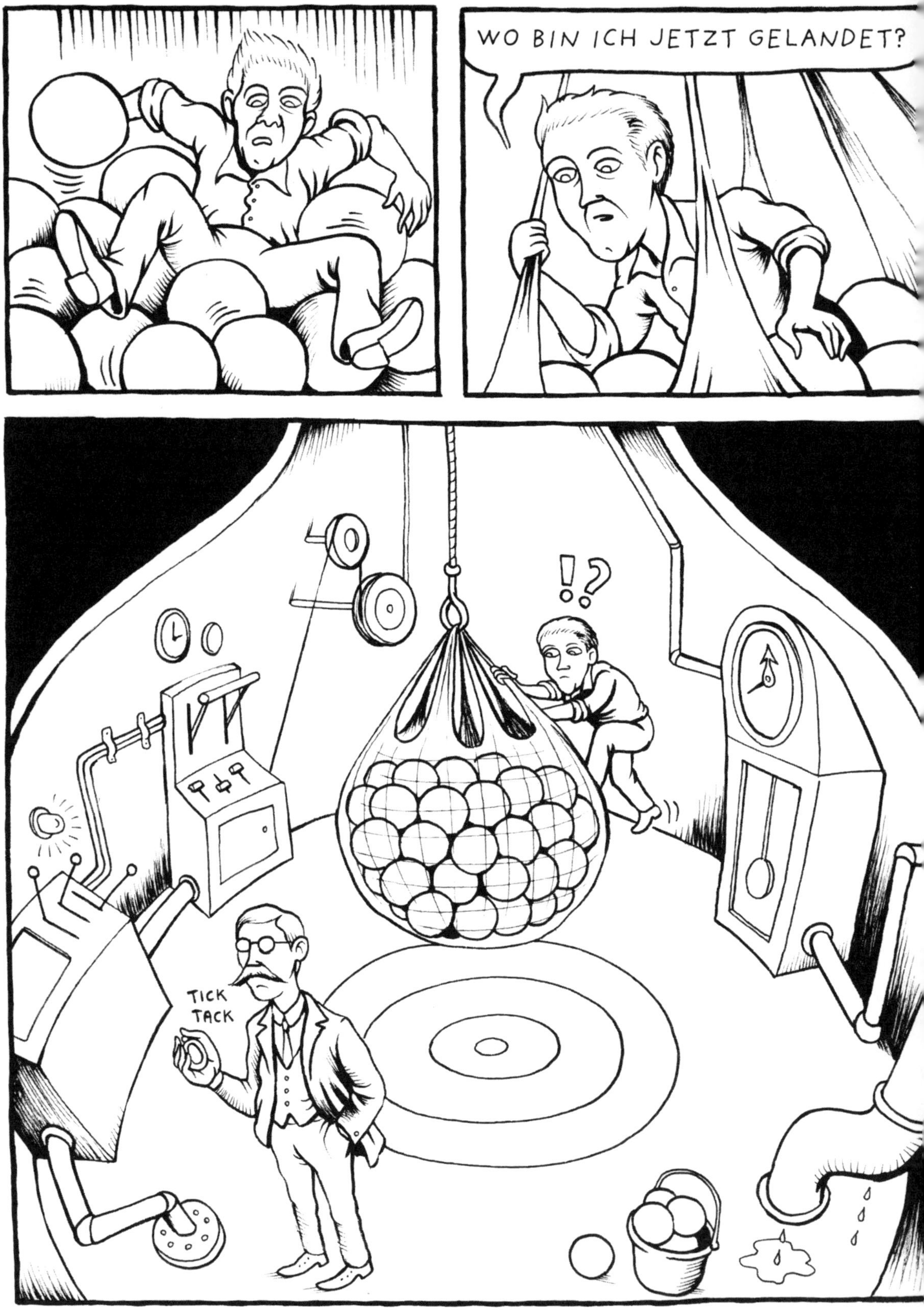

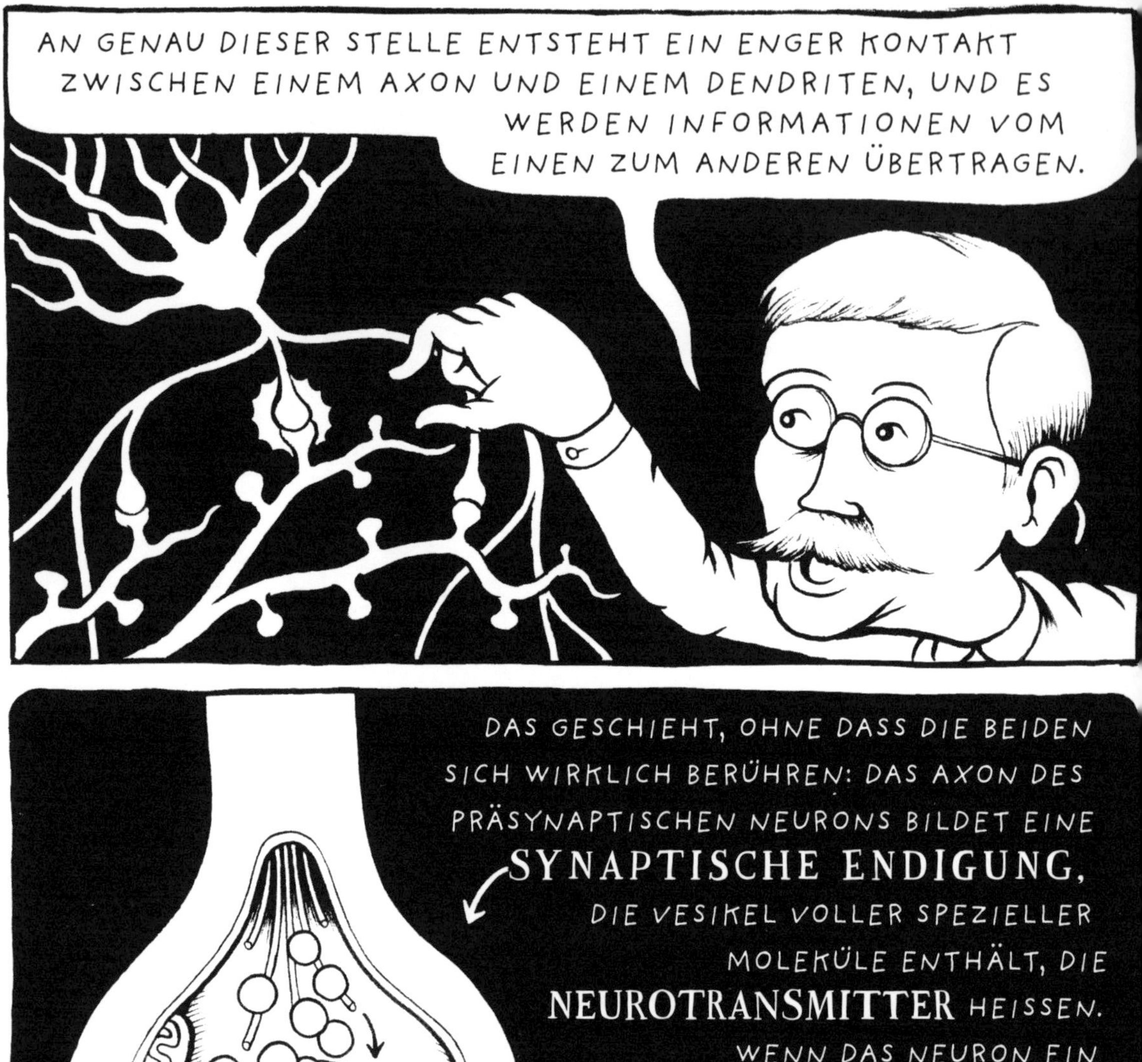

AN GENAU DIESER STELLE ENTSTEHT EIN ENGER KONTAKT ZWISCHEN EINEM AXON UND EINEM DENDRITEN, UND ES WERDEN INFORMATIONEN VOM EINEN ZUM ANDEREN ÜBERTRAGEN.

DAS GESCHIEHT, OHNE DASS DIE BEIDEN SICH WIRKLICH BERÜHREN: DAS AXON DES PRÄSYNAPTISCHEN NEURONS BILDET EINE **SYNAPTISCHE ENDIGUNG**, DIE VESIKEL VOLLER SPEZIELLER MOLEKÜLE ENTHÄLT, DIE **NEUROTRANSMITTER** HEISSEN. WENN DAS NEURON EIN SIGNAL AUSSENDET, WERDEN DIE VESIKEL IN DEN **SYNAPTISCHEN SPALT** ENTLASSEN. DORT DIFFUNDIEREN DIE MOLEKÜLE AN DIE OBERFLÄCHE DES POSTSYNAPTISCHEN DENDRITEN. DIESER BILDET MEIST EINEN **DORN**, WO DIE NEUROTRANSMITTER MIT BESTIMMTEN **REZEPTOREN** REAGIEREN, DIE DANN DAS NÄCHSTE NEURON STIMULIEREN.

DIE SYNAPTISCHE ÜBERTRAGUNG
HAT ZWEI ENTSCHEIDENDE
VORTEILE:

ERSTENS KANN DAS GLEICHE
SIGNAL VERSCHIEDENE
BEDEUTUNGEN HABEN – ABHÄNGIG
VON DER KOMBINATION DER
MOLEKÜLE UND REZEPTOREN,
DIE IN DER SYNAPSE
VORHANDEN SIND.

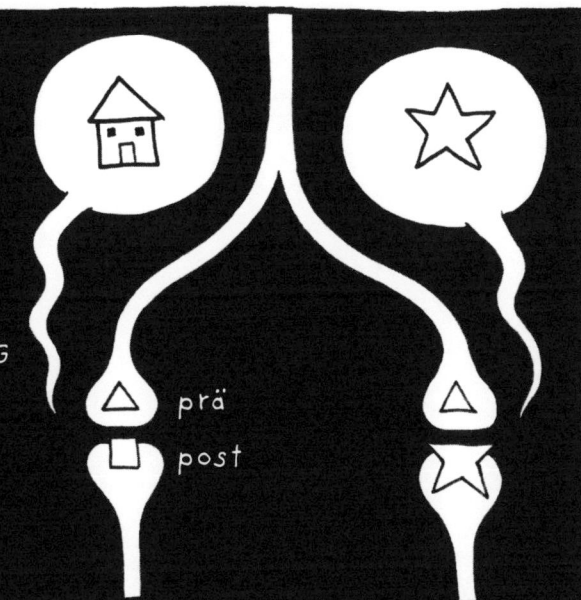

ZWEITENS, WENN EIN NEURON
EIN SIGNAL AUSSENDET, WIRD
DIESES AN **ALLE** SEINE
SYNAPTISCHEN ENDIGUNGEN
ÜBERTRAGEN, ALLERDINGS MÜSSEN
IN JEDEM NEURON **VIELE** SYNAPSEN
AKTIVIERT WERDEN, UM EIN
NEUES SIGNAL ZU ERZEUGEN.

NICHT ALLE SIND
GLEICHZEITIG AKTIV,
UND DAS BILDET
DIE GRUNDLAGE DER
RECHENVORGÄNGE
IM GEHIRN.

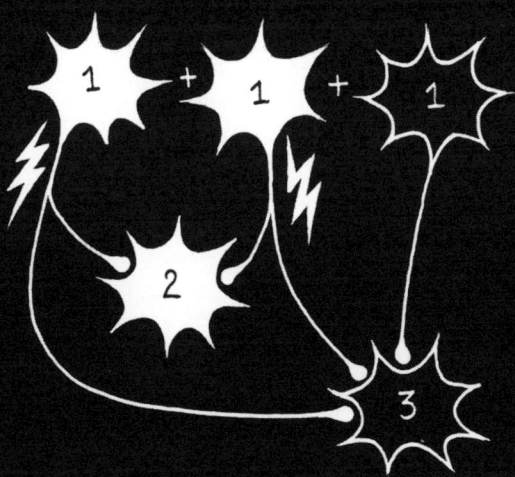

HE, JETZT MAL STOPP ...

ICH BRAUCHE KEINE WEITEREN ERKLÄRUNGEN ... HEISST DAS ALLES, DASS ICH AUS DIESEM NEURON VON DIESER **SYNAPSE** AUS HERAUSKOMME?

HERAUS-KOMMEN AUS DEM NEURON?

NUN JA, SO KÖNNTE MAN ES BETRACHTEN, ABER ...

NEIN, MIR REICHT'S! SAGEN SIE MIR EINFACH, WIE ICH HIER RAUS-KOMME ...

ALS ICH IN DEN 1950ERN AM UNIVERSITY COLLEGE LONDON GEARBEITET HABE, ENTDECKTE ICH, DASS DIE SYNAPTISCHE ÜBERTRAGUNG NICHT KONTINUIERLICH PASSIERT. VIELMEHR WERDEN NEUROTRANSMITTER IN VIELEN KLEINEN PAKETEN FREIGESETZT. EIN SOLCHES PAKET NENNT MAN **QUANTUM**, UND ES IST IN EIN **VESIKEL** EINGESCHLOSSEN.

JEDE SYNAPSE ENTHÄLT EINE BESTIMMTE MENGE AN VESIKELN, UND SOBALD DAS NEURON EIN SIGNAL AUSSENDET, KOMMEN DIESE VESIKEL DICHT AN DIE NEURONENOBERFLÄCHE:

SIE VERSCHMELZEN MIT DER ÄUSSEREN MEMBRAN:

UND DIE NEURO-TRANSMITTER WERDEN AUS DEM VESIKEL NACH DRAUSSEN FREIGESETZT:

MOMENT, ICH HELFE IHNEN ...

FLAPP   FLAPP

WO SIE SCHON MAL DA SIND, KÖNNEN SIE MIR AUCH HELFEN ...
HIER, HALTEN SIE MAL:

WIR ALLE SIND NEUROTRANSMITTER ...

... UND WIR MÜSSEN SPEZIELLE AUFGABEN FÜR DAS NEURON ERFÜLLEN.

JEDER VON UNS HAT EINEN BESONDEREN **SCHLÜSSEL** BEI SICH ...

KLICK

... DER EINE DAZU PASSENDE FALLTÜR ÖFFNET, DIE **REZEPTOR** HEISST.

47

DARF ICH VORSTELLEN:
UNSER TEAM.
MEIN NAME IST
DOPAMIN,
ICH SPIELE HIER IM
GEHIRN EINE
WICHTIGE ROLLE
BEI DER BELOHNUNG
UND BEIM LERNEN.

SEROTONIN IST
MEINE SCHWESTER;
AUCH SIE VERMITTELT
ANGENEHME GEFÜHLE
UND HAT VOR ALLEM
MIT DER REGULIERUNG
VON STIMMUNG,
APPETIT UND
SCHLAF ZU TUN.

ACETYLCHOLIN
HILFT UNS
IM GEHIRN, IST
ABER AUCH FÜR DIE
MUSKELKONTROLLE
IM PERIPHEREN
NERVENSYSTEM
ZUSTÄNDIG.

GLUTAMAT IST DER WICHTIGSTE ERREGENDE NEUROTRANSMITTER IM MENSCHLICHEN GEHIRN. ER ERFÜLLT EINE REIHE ZENTRALER AUFGABEN, VOR ALLEM BEIM LERNEN UND ERINNERN.

UND SCHLIESSLICH **GABA,** DER SELTSAMSTE VON UNS ALLEN. ER KANN AUF DIE NEURONEN IM GEHIRN SOWOHL ERREGEND ALS AUCH HEMMEND WIRKEN.

MANCHE HEISSEN **ANTAGONISTEN**, DIE
BLOCKIEREN EINFACH DEN ZUGANG ZU DEN
REZEPTOREN UND UNTERBRECHEN SO DIE
NORMALE ERREGUNGSÜBERTRAGUNG.

AGONISTEN HINGEGEN KÖNNEN REZEPTÖREN ÖFFNEN.

ALKOHOL ZUM BEISPIEL STIMULIERT DAS HEMMUNGSSYSTEM IM HIRN. DAS MACHT SIE ENTSPANNT, VERLANGSAMT ABER AUCH IHRE REFLEXE.

MODULATOREN SCHLIESSLICH HABEN EINE KOMPLEXERE WIRKUNG: SIE BENUTZEN DIE NEUROTRANSMITTER, UM DEN REZEPTOR ZU ÖFFNEN, HINDERN DIESE ABER DANN DARAN, DEN SYNAPTISCHEN SPALT WIEDER ZU VERLASSEN.

VIELE DROGEN SIND **MODULATOREN** VON **DOPAMIN** UND **SEROTONIN**, WIRKEN ALSO ANREGEND, INDEM SIE ANGENEHME GEFÜHLE VERLÄNGERN UND VERSTÄRKEN.

ES SIND ABER AUCH NÜTZLICHE MEDIKAMENTE WIE **ANTIDEPRESSIVA** BEI UNS IM TEAM ...

BEI BESTIMMTEN STÖRUNGEN IM GEHIRN PRODUZIEREN DIE NEURONEN NICHT GENÜGEND NEUROTRANSMITTER, UM DIE SYNAPTISCHEN REZEPTOREN ZU ÖFFNEN (DANN IST DAS GEHIRN Z.B. NICHT IN DER LAGE, GENUSS ZU EMPFINDEN).

IN SOLCHEN FÄLLEN BITTEN WIR UM EIN BISSCHEN HILFE!

⁉

HUCH?

paff

PUH, MIR IST
SCHWUMMRIG...

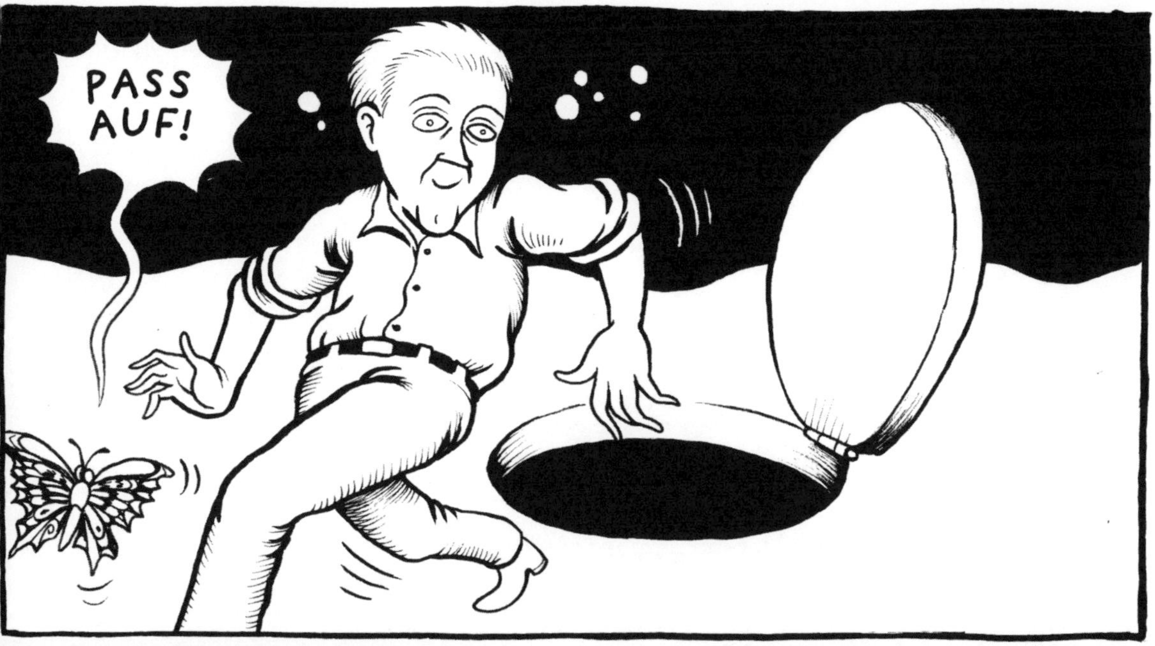
PASS AUF!

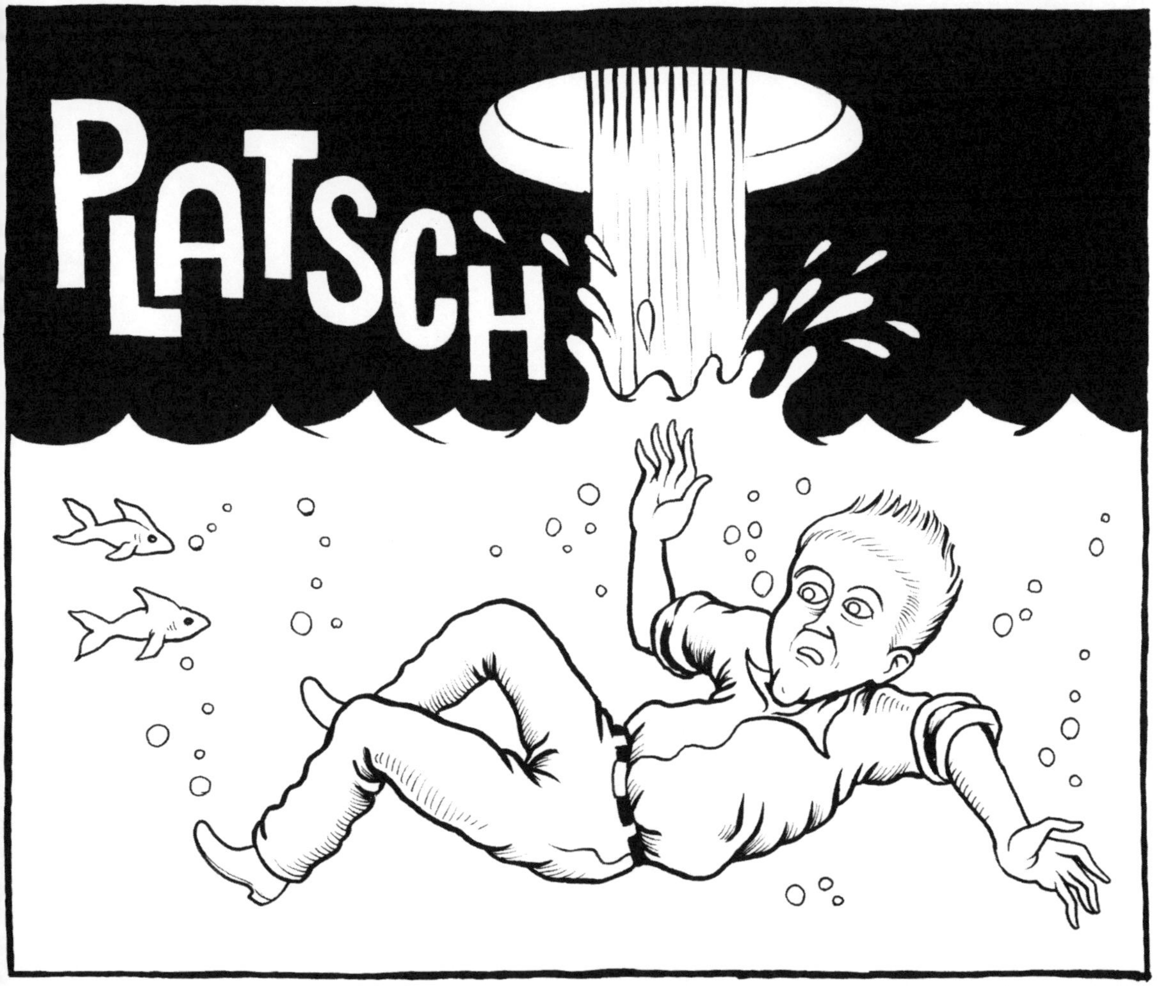
PLATSCH

ELEKTROPHYSIOLOGIE

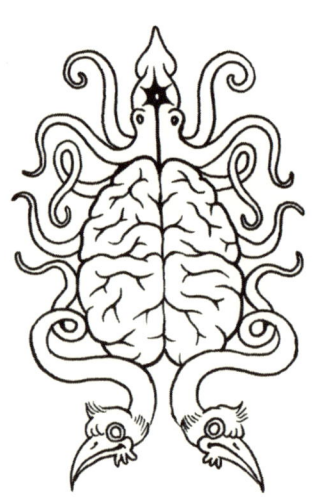

SIEH MAL AN, WAS HABEN WIR DENN DA GEFANGEN ...

WILLKOMMEN AN BORD.

NEIN! GAR NICHTS IST OKAY! ERST HAB ICH MICH IM WALD VERIRRT, DANN HAT MICH EIN NEURON VERSCHLUCKT, DANACH WURDE ICH MIT DEM FALLSCHIRM ÜBER EINER MONSTERHORDE ABGE-WORFEN, UND JETZT WÄRE ICH FAST ERTRUNKEN...

WAS KOMMT DENN **NOCH** ALLES!?
WER SIND SIE ÜBERHAUPT?
UND WAS GEHT IN DIESEM U-BOOT VOR?

ENTSPANNEN SIE SICH, MEIN FREUND, HIER SIND SIE SICHER. ICH BIN SIR **ALAN HODGKIN**, UND DAS IST MEIN KOLLEGE, SIR **ANDREW HUXLEY**. GEMEINSAM HABEN WIR ERFORSCHT, WIE EIN NERVENSIGNAL GENAU ERZEUGT WIRD. KOMMEN SIE, ICH ZEIGE ES IHNEN ...

SEHEN SIE: **ELEKTRISCHER STROM!** DAS IST DAS WAHRE GEHEIMNIS DES GEHIRNS!

EIGENTLICH WAR DAS JA DURCHAUS KEIN GEHEIMNIS ...

LANGE BEVOR GOLGI DAMIT BEGANN, SICH NEURONEN UNTER DEM MIKROSKOP ANZUSCHAUEN, WUSSTE MAN SCHON, DASS UNSER NERVENSYSTEM EIN ELEKTRISCHER APPARAT IST.

IM XVIII. JAHRHUNDERT HAT EIN ANDERER ITALIENISCHER WISSENSCHAFTLER ENTDECKT, DASS MAN MIT ELEKTRISCHEM STROM MUSKELN MANIPULIEREN KANN.

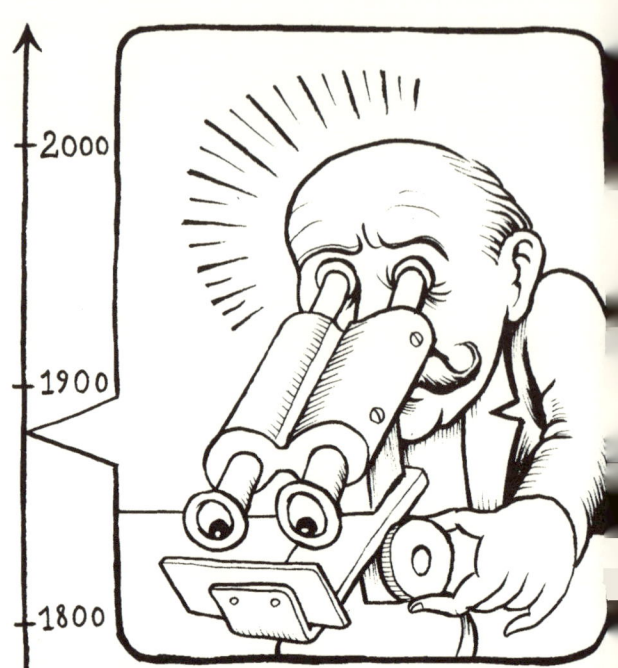

2000

1900

1800

LUIGI GALVANI (1737-1798) INTERESSIERTE SICH FÜR DIE WIRKUNG VON ELEKRIZITÄT AUF DEN MENSCHLICHEN KÖRPER.

EINES TAGES HÄUTETE GALVANI EINEN FROSCH, UM DURCH REIBEN DER FROSCHHAUT EXPERIMENTE ZUR STATISCHEN AUFLADUNG DURCHZUFÜHREN. GALVANIS ASSISTENT BERÜHRTE EINEN FREILIEGENDEN NERV DES FROSCHES MIT EINEM METALLSKALPELL, DAS SICH DABEI AUFLUD. SIE SAHEN FUNKEN, UND DAS BEIN DES TOTEN FROSCHES ZUCKTE, ALS SEI ER NOCH AM LEBEN!

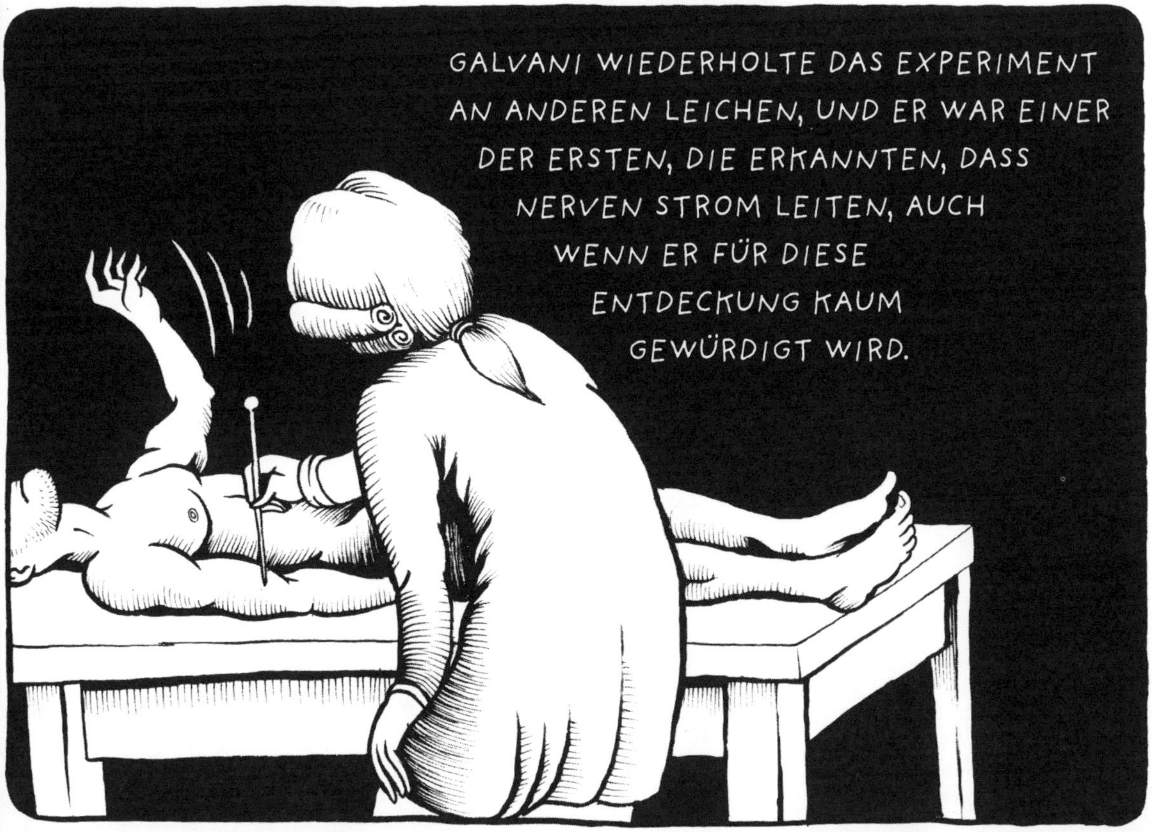

GALVANI WIEDERHOLTE DAS EXPERIMENT AN ANDEREN LEICHEN, UND ER WAR EINER DER ERSTEN, DIE ERKANNTEN, DASS NERVEN STROM LEITEN, AUCH WENN ER FÜR DIESE ENTDECKUNG KAUM GEWÜRDIGT WIRD.

ELEKTRIZITÄT ⚡→ IST DER FLUSS VON **IONEN** (GELADENEN ATOMEN ODER MOLEKÜLEN) AUS EINEM BEREICH IN EINEN ANDEREN. GLEICHGELADENE IONEN MÖGEN SICH NICHT, UND WENN SICH IN EINER MEMBRAN VIELE VON IHNEN DRÄNGEN, SUCHEN SIE NACH DURCHLÄSSIGEN STELLEN, UM DARAUS ZU ENTKOMMEN, UND DABEI ERZEUGEN SIE **ELEKTRISCHEN STROM.**

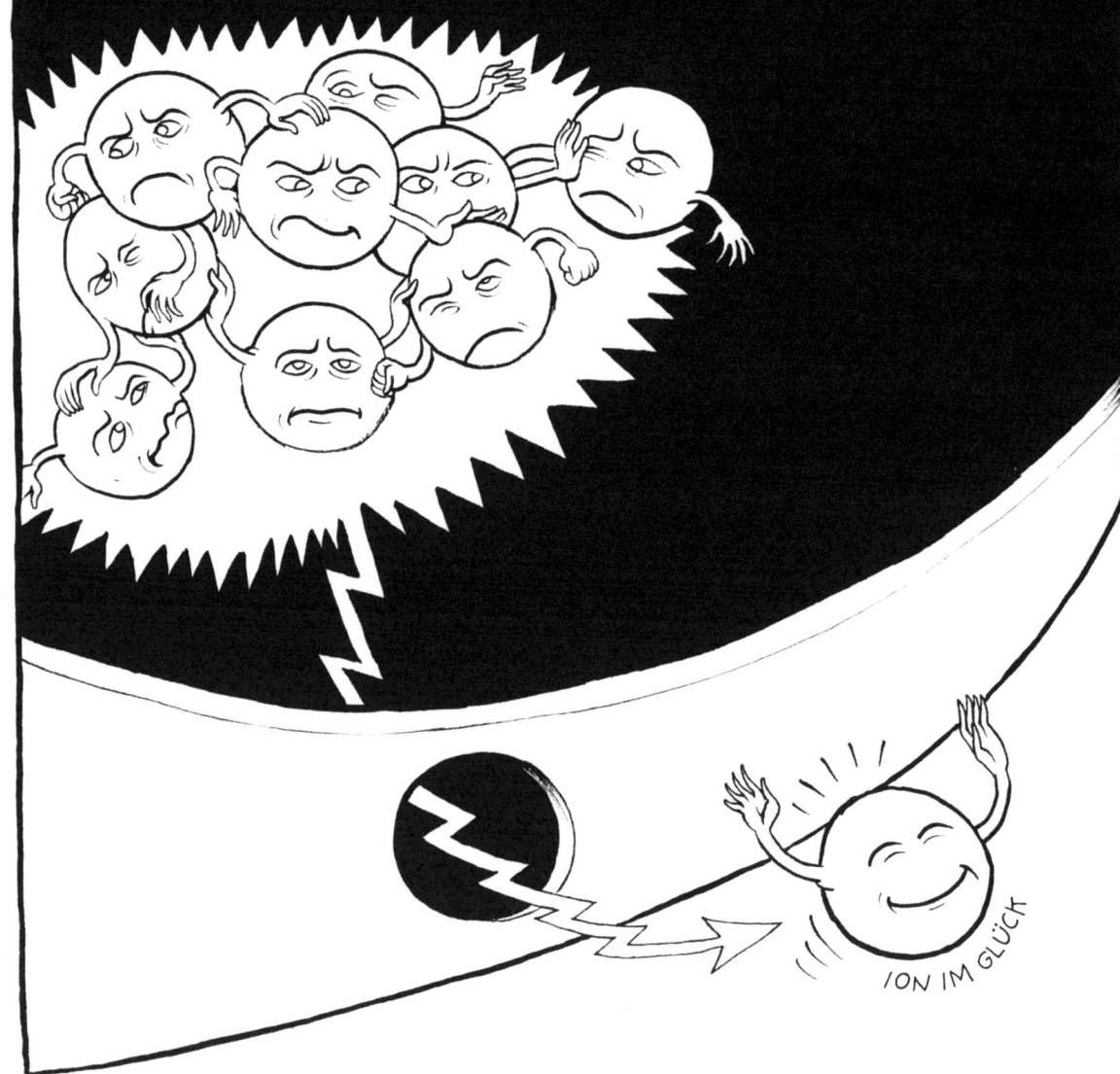

ION IM GLÜCK

GENAU DAS GESCHIEHT IM NEURON: INNERHALB UND AUSSERHALB DER ZELLE BEFINDET SICH EINE UNTERSCHIEDLICHE ANZAHL VON IONEN. DIESER UNTERSCHIED WIRD DURCH **IONENPUMPEN** ERZEUGT, DIE SO DAS ELEKTRISCHE POTENZIAL DER ZELLMEMBRAN AUFRECHTERHALTEN.

WENN NEUROTRANSMITTER DIE POSTSYNAPTISCHEN REZEPTOREN ÖFFNEN, FLUTEN AUSSERHALB IM ÜBERFLUSS VORHANDENE IONEN SCHNELL IN DIE ZELLE, SODASS IM NEURON EIN ELEKTRISCHER STROM ENTSTEHT UND SICH DIE DIFFERENZ DES MEMBRANPOTENZIALS ÄNDERT.

SIE KÖNNEN SICH DAS INNERE UND DAS ÄUSSERE DER ZELLE
WIE ZWEI POLE EINER BATTERIE (DIE MEMBRAN) VORSTELLEN,
DIE DURCH DIE ÄKTIVITAT VON
PUMPEN AUFGELADEN WIRD.

WENN EIN REZEPTOR
AUFGEHT, SIND DIE BEIDEN
POLE VERBUNDEN ...

... UND EIN STROM FLIESST
DURCH DIE MEMBRAN.

JEDER REZEPTOR ERZEUGT EINEN STROM
VON UNTERSCHIEDLICHER STÄRKE UND DAUER.

WENN IN DER
ZELLE GENÜGEND
STROM ZUR
GLEICHEN ZEIT
FLIESST, GEHT
DAS „LICHT" AN...

... UND DIE
ZELLE SENDET
EIN NEUES
SIGNAL!

SCHLAU!

HMMM, ICH FRAG MICH ALLERDINGS, WARUM DIE NEURONEN SICH ÜBERHAUPT MIT ELEKTRISCHEN SIGNALEN AUFHALTEN. REICHT DAS CHEMISCHE SIGNAL DER NEUROTRANSMITTER DENN NICHT AUS?

NEIN, NEIN, NEIN, DAS GEHIRN BRAUCHT BEIDES! **HAUPTSÄCHLICH**, WEIL DAS **ELEKTRISCHE SIGNAL SCHNELLER** IST UND LANGE ENTFERNUNGEN IM KÖRPER RASCH ÜBERWINDEN KANN – WAS ÜBER LEBEN UND TOD ENTSCHEIDEN KANN.

ABER AUCH, WEIL DIE ÜBERSETZUNG DER VERSCHIEDENEN CHEMISCHEN SIGNALE IN ELEKTRISCHEN STROM ES DEM NEURON ERMÖGLICHT, BEIDES MITEINANDER ZU VERKNÜPFEN UND SO **IN DER ZELLE RECHENVORGÄNGE DURCHZUFÜHREN.**

JEDE SYNAPSE ERZEUGT NUR EIN SCHWACHES ELEKTRISCHES SIGNAL, ABER IM SOMA SUMMIEREN SIE SICH:

UND WENN EINE BESTIMMTE SCHWELLE ERREICHT IST ...

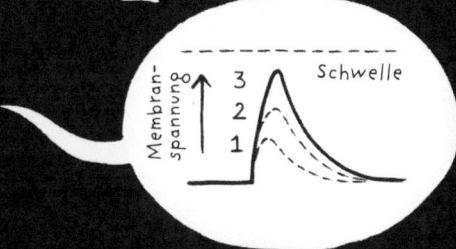

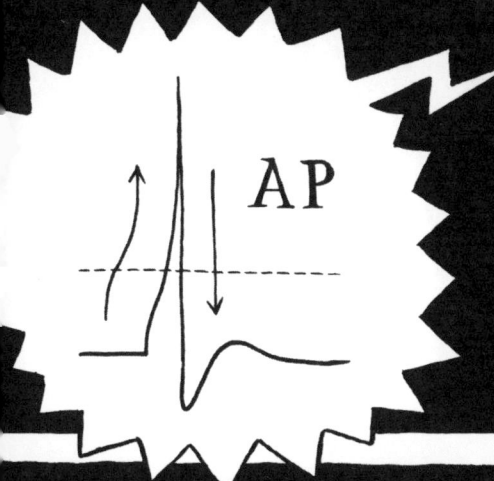

... ERZEUGT DIE MEMBRAN PLÖTZLICH EINE KURZE, STARKE SPANNUNG, DAS

AKTIONSPOTENZIAL.

ES WIRD DURCH SPEZIELLE KLAPPEN IM AXON ERZEUGT, DIE EINEN **SPANNUNGSSENSIBLEN** MECHANISMUS ENTHALTEN, DER DANN AUSGELÖST WIRD, WENN DAS MEMBRANPOTENZIAL DEN SCHWELLENWERT ERREICHT.

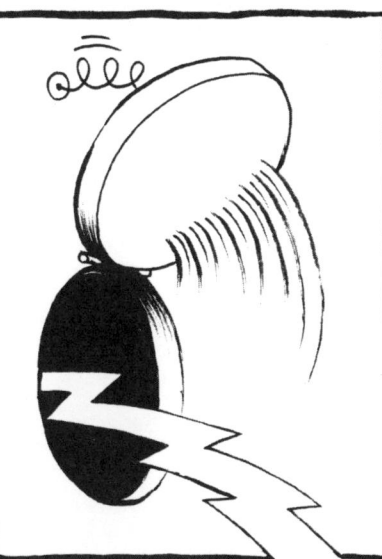

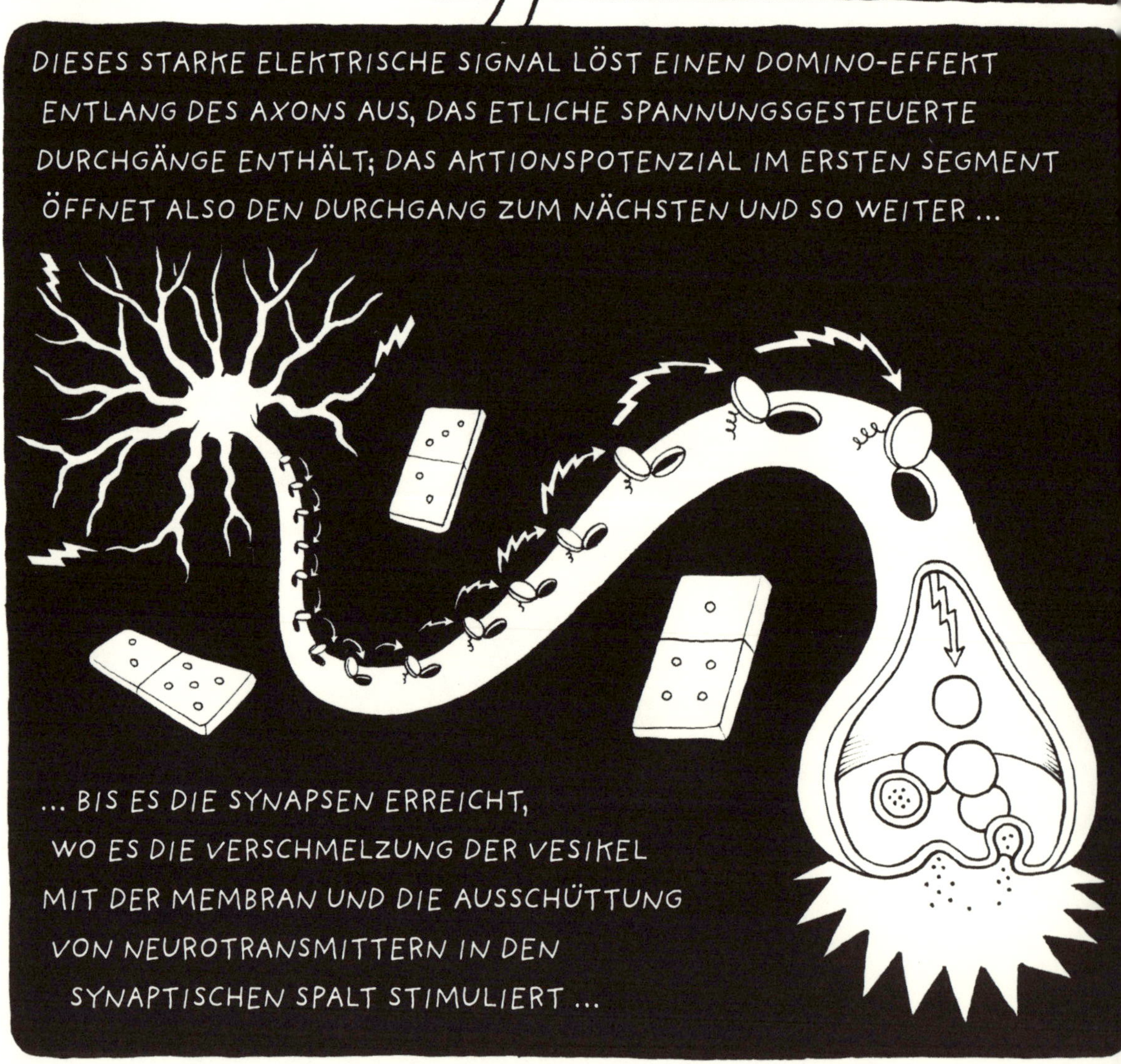

DIESES STARKE ELEKTRISCHE SIGNAL LÖST EINEN DOMINO-EFFEKT ENTLANG DES AXONS AUS, DAS ETLICHE SPANNUNGSGESTEUERTE DURCHGÄNGE ENTHÄLT; DAS AKTIONSPOTENZIAL IM ERSTEN SEGMENT ÖFFNET ALSO DEN DURCHGANG ZUM NÄCHSTEN UND SO WEITER ...

... BIS ES DIE SYNAPSEN ERREICHT, WO ES DIE VERSCHMELZUNG DER VESIKEL MIT DER MEMBRAN UND DIE AUSSCHÜTTUNG VON NEUROTRANSMITTERN IN DEN SYNAPTISCHEN SPALT STIMULIERT ...

74

HE, WAS ZUM TEUFEL WAR DAS?

DER KRAKE!

WER?

NUN JA, WISSEN SIE ...
ES WAR NAHEZU UNMÖGLICH,
DIESE ELEKTRISCHEN STRÖME
BEI SO WINZIGEN TEILCHEN
WIE NEURONEN AUFZUZEICHNEN.

DAHER MUSSTEN WIR FÜR
UNSERE EXPERIMENTE KALMARE
BENUTZEN, DIE RIESIGE AXONE
VON EINEM MILLIMETER
DURCHMESSER HABEN ...

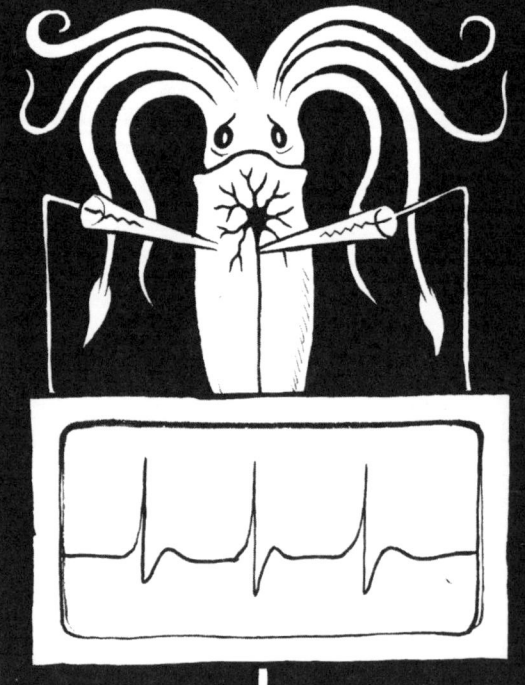

... UND JETZT SINNT DER RIESENKALMAR AUF RACHE!

SPLITTER
ALLE MANN VON BORD!

ICH HAB DAS GEFÜHL, DAS GEHIRN ZU VERSTEHEN, BRINGT MEHR ÄRGER, ALS ES WERT IST!

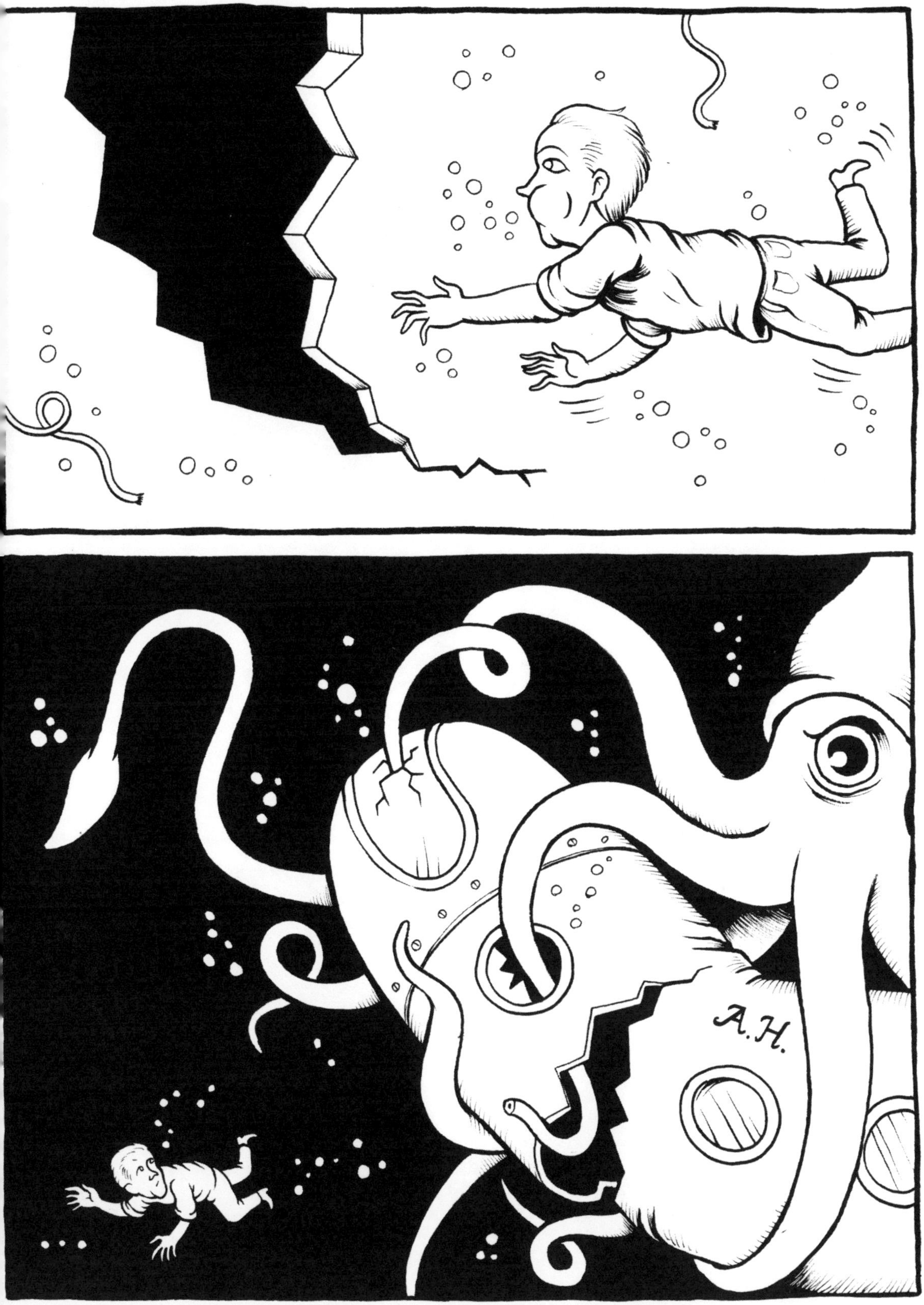
A.H.

PLASTIZITÄT

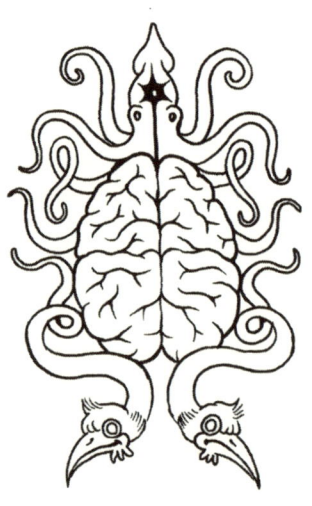

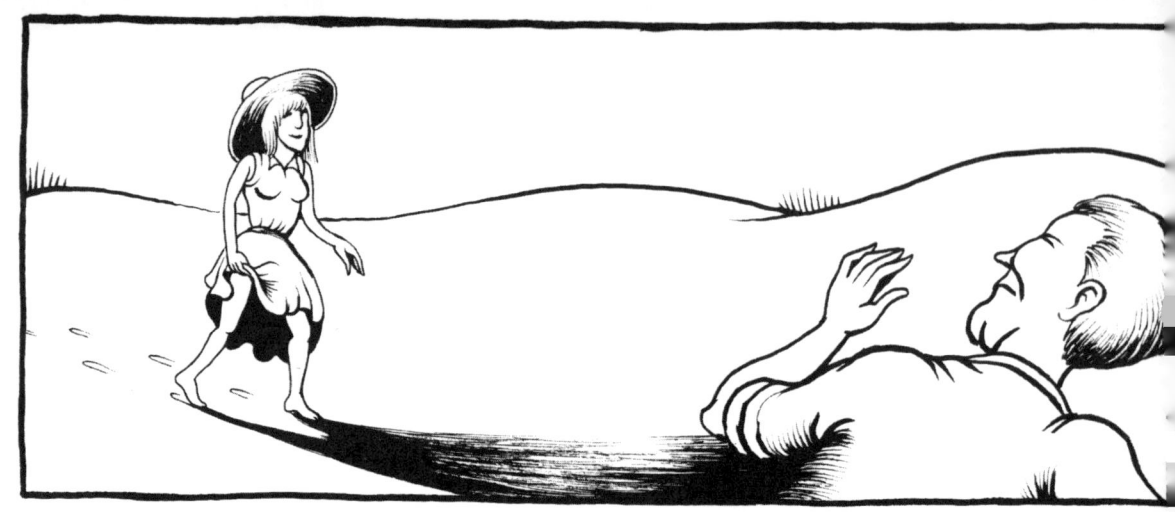

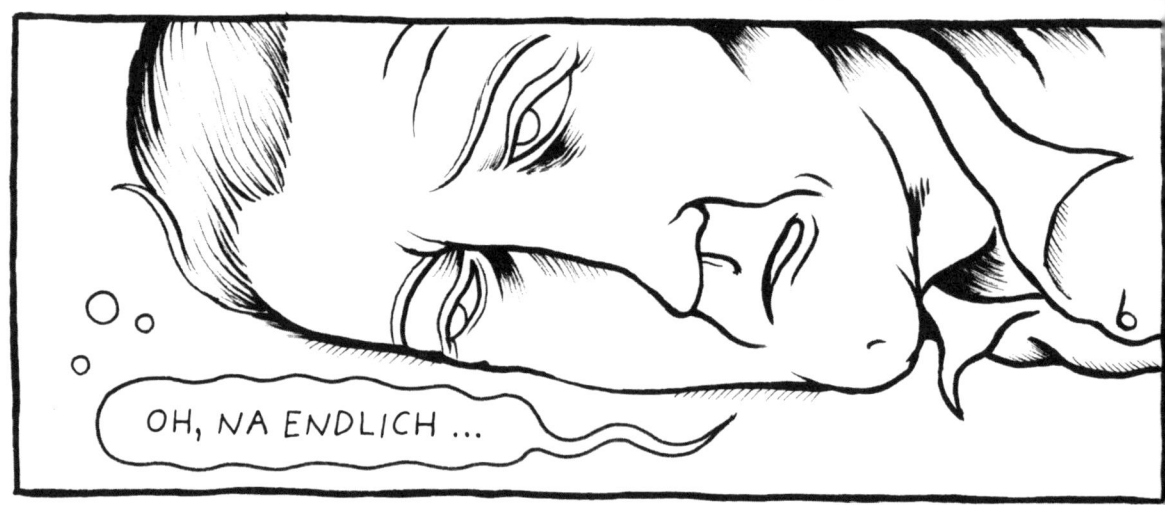

AHA!
?

DU KOMMST MIT MIR NACH HAUSE, MEINE SÜSSE!
UND WER IST DER DA?

ICH WEISS NICHT ... ICH BIN ETWAS DURCH-EINANDER.

VIELLEICHT HABEN SIE IHR **GEDÄCHTNIS** VERLOREN.

TJA, DAS LETZTE, WORAN ICH MICH ERINNERE, IST, DASS ICH IN DIESEM U-BOOT WAR, ABER DANN HAT DER KRAKE ... UND DIESE HÜBSCHE FRAU ... **ACH,** ES IST ALLES SO SELTSAM. VIELLEICHT WAR ES ALLES BLOSS EIN **TRAUM** ...

WAS SPIELT DAS FÜR EINE ROLLE? TRAUM, ERINNERUNG: ES PASSIERT ALLES IM GEHIRN!

JA, KLAR ...
NOCH EIN IRRER!
ABER WER SIND SIE? UND WAS MACHEN SIE MIT DIESEM ARMEN ... KEINE AHNUNG, WAS DAS IST.
ICH BIN ERIC KANDEL, UND DIE HIER HEISST APLYSIA.

KOMMEN SIE MIT, ICH BIN DEM GEDÄCHTNIS SCHON SEIT LANGEM AUF DER SPUR ...

ZUNÄCHST EINMAL: WELCHE ART VON GEDÄCHTNIS HABEN SIE VERLOREN?
WIE MEINEN SIE DAS?

NUN, GRUNDSÄTZLICH GIBT ES ZWEI ARTEN VON GEDÄCHTNIS.
BEIM ERSTEN WERDEN DIE ERINNERUNGEN SICHER IM GEHIRN VERANKERT, LASSEN SICH ABER NICHT IN WORTE FASSEN ...

... ZUM BEISPIEL, WENN MAN LERNT, EIN MUSIKINSTRUMENT ZU SPIELEN. DIESES **VERHALTENS- ODER PROZEDURALE GEDÄCHTNIS** SPEICHERT MOTORISCHE ABLÄUFE, DIE SELBST VON EINFACHEN ORGANISMEN WIE APLYSIA ERLERNT WERDEN KÖNNEN.

DER ZWEITE TYPUS, DAS **WISSENS- ODER DEKLARATIVE GEDÄCHTNIS**, SPEICHERT ORTE ODER DATEN, MEISTENS MIT EINER STARKEN EMOTIONALEN KOMPONENTE.

Deklaratives Gedächtnis

ALSO, HIER HABEN SIE ETWAS, DAS MIR VIELLEICHT HILFT, DEN WEG RAUSZUFINDEN ...

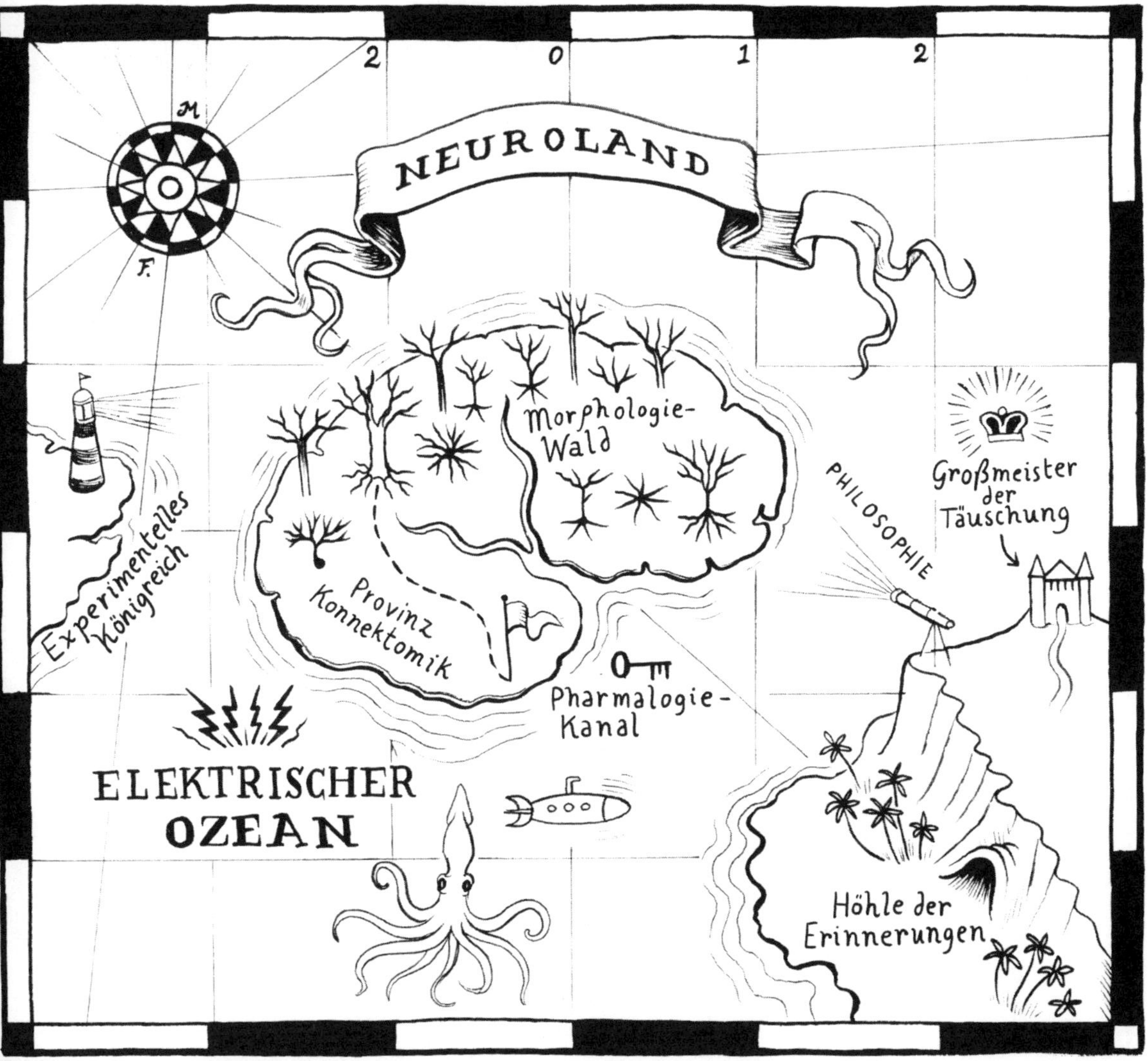

NEUROLAND

Experimentelles Königreich

Morphologie-Wald

Provinz Konnektomik

Pharmalogie-Kanal

PHILOSOPHIE

Großmeister der Täuschung

ELEKTRISCHER OZEAN

Höhle der Erinnerungen

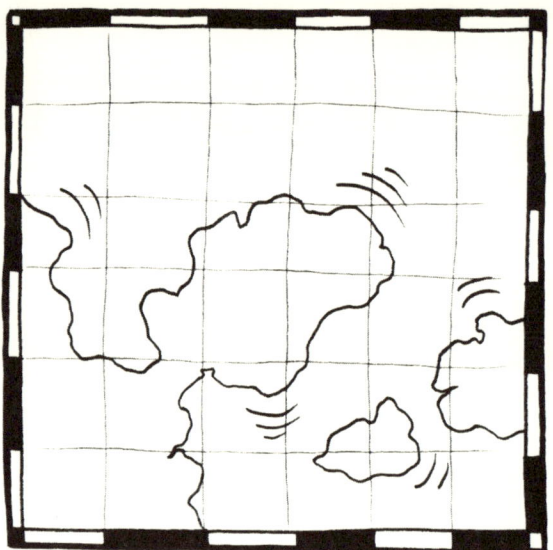

DIESE KOMISCHE KARTE VERÄNDERT SICH DAUERND! WIE SOLL ICH SIE DA LESEN?

NATÜRLICH! GENAU DARIN LIEGT DIE GROSSE KRAFT DES GEHIRNS: ES IST **PLASTISCH**!

HAT MAN ETWAS GELERNT, IST ES NICHT IN STEIN GEMEISSELT, SONDERN WIRD STÄNDIG UMGESTALTET — DURCH **ERFAHRUNG**.

ABER ICH MUSS UNBEDINGT HIER RAUSFINDEN!

2017

KÖNNTEN SIE MIR BITTE ZEIGEN, WIE DIESE ERINNERUNGEN ENTSTANDEN SIND?

HM, EINE GANZ SCHÖN SCHWIERIGE FRAGE ...

AH, HÖREN SIE? DIE GLOCKE! PAWLOW FÜHRT EIN NEUES EXPERIMENT DURCH.

♪ KLING

KOMMEN SIE MAL MIT, GLEICH WERDEN SIE VERSTEHEN ...

?

HUNDE HABEN EINEN NATÜRLICHEN SPEICHELFLUSS-REFLEX (UNBEDINGTER REFLEX), WENN SIE FUTTER SEHEN (UNBEDINGTER ODER UNKONDITIONIERTER REIZ).

JEDES MAL, WENN PAWLOW SEINEN HUND FÜTTERT, LÄUTET ER EINE GLOCKE (BEDINGTER oder KONDITIONIERENDER REIZ), WAS NORMALERWEISE KEINEN SPEICHELFLUSS AUSLÖST.

WIRD DAS MEHRMALS WIEDERHOLT, VERBINDET DAS GEHIRN DIE BEIDEN REIZE, UND DER HUND BEGINNT ALLEIN ALS REAKTION AUF DIE GLOCKE (KONDITIONIERTE REAKTION) ZU SABBERN.

BESTIMMTE NEURONEN SIND DER GLOCKE ZUGEORDNET, ANDERE DEM FUTTER (DIESE LÖSEN DEN SPEICHELFLUSS AUS). NORMALERWEISE BESTEHT ZWISCHEN BEIDEN NUR EINE SCHWACHE VERBINDUNG.

ABER JEDES MAL WENN DIE NEURONEN ZUSAMMEN AKTIVIERT WERDEN, WÄCHST DIESE VERBINDUNG STÄRKER ZUSAMMEN ...

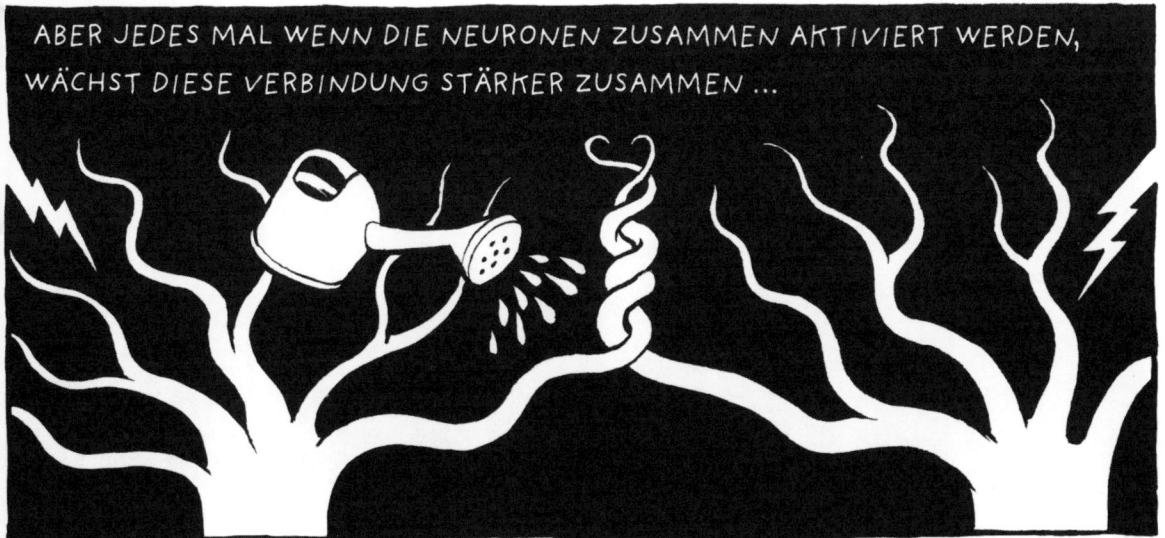

NACH EIN PAAR WIEDERHOLUNGEN REICHT DANN DIE STIMULATION DES DER GLOCKE ZUGEORDNETEN NEURONS, UM DAS EIGENTLICH DEM FUTTER ZUGEORDNETE NEURON EBENFALLS ZU AKTIVIEREN UND DEN SPEICHELFLUSS AUSZULÖSEN.

DAGEGEN WERDEN VERBINDUNGEN ZWISCHEN NEURONEN, DIE NIE ZUSAMMEN STIMULIERT WERDEN, SCHWÄCHER UND VERSCHWINDEN GANZ.

SCHNIPP

DURCH DIESE KOMBINATION VON WACHSEN UND „ZURÜCKSTUTZEN" FORMT DIE ERFAHRUNG EINEN NEURONENWALD.

ERINNERUNG

KLIIIIIING♪
ES IST DIE GLOCKE ... MEINE KONDITIONIERUNG! ICH FANG AN ZU SABBERN ...
KOMM SCHON! STEH AUF ... DU WEISST DOCH, DASS KEIN FUTTER KOMMT!
ICH KANN NICHT ... ICH BIN KONDITIONIERT!
BITTE SAG MIR WENIGSTENS, WIE ICH HIER RAUSKOMME ...
ÜBER DIESER HÖHLE IST EIN STEILER BERG. WENN DU EINEN WEG HINAUSFINDEN WILLST, MUSST DU DIR EINEN ÜBERBLICK VERSCHAFFEN.
JETZT HAU AB! BEVOR SIE UNS KRIEGEN!

HE! WIESO LAUFEN SIE DENN WEG?

DA OBEN MÜSSEN SIE VORSICHTIG SEIN!

SYNCHRONIZITÄT

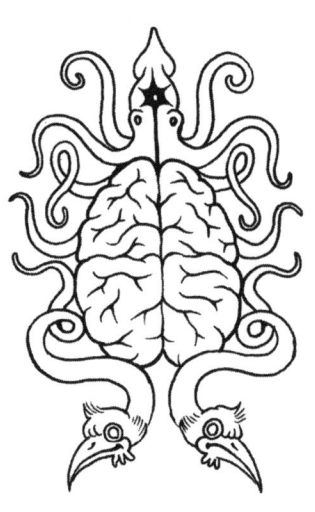

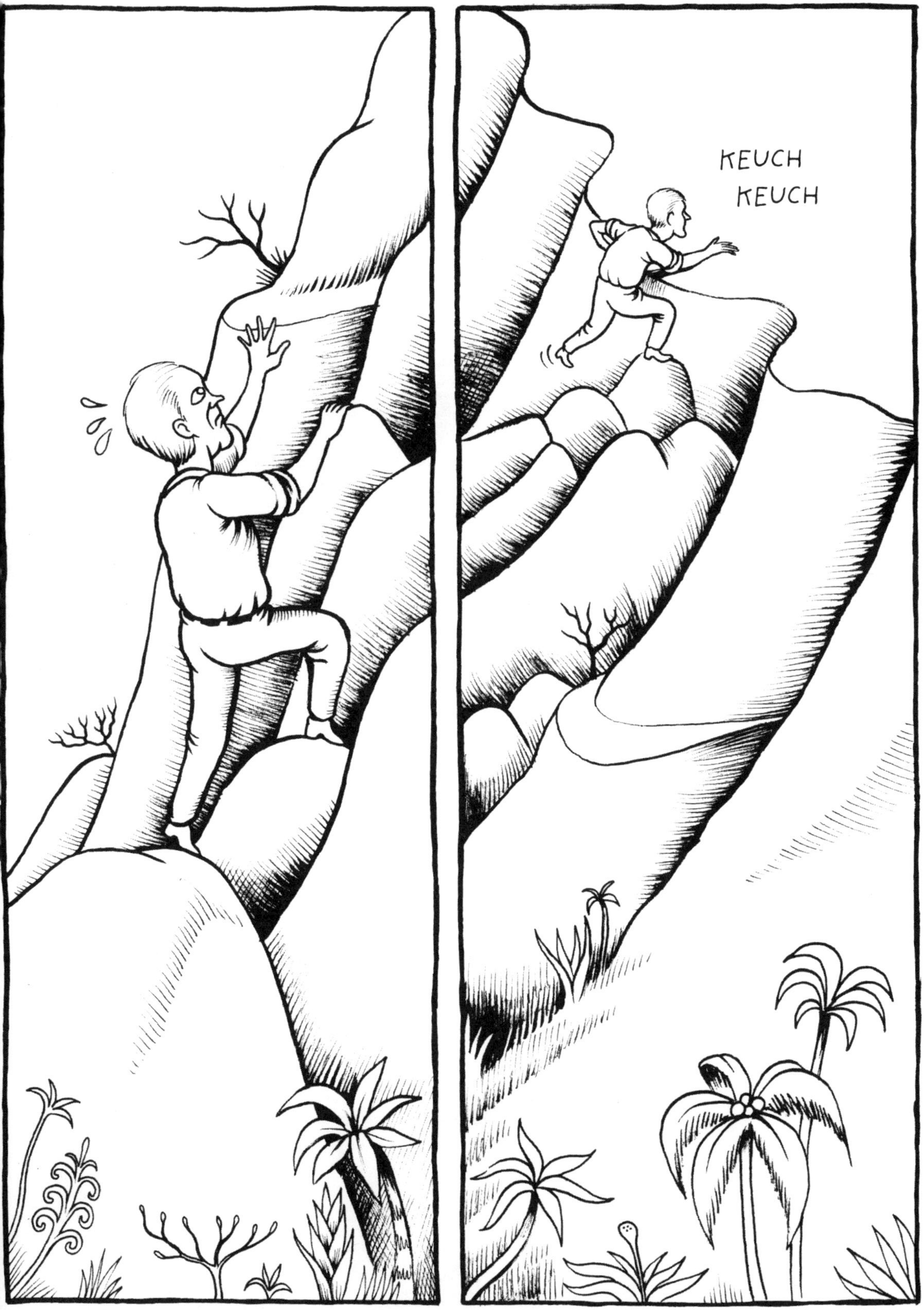
KEUCH
KEUCH

AUF DER HIRNOBERFLÄCHE SIND **WELLEN** ZU ERKENNEN: MANCHMAL SIND SIE STÄRKER, MANCHMAL SCHWÄCHER, UND ES IST SCHWER ZU SAGEN, WOHER SIE KOMMEN.

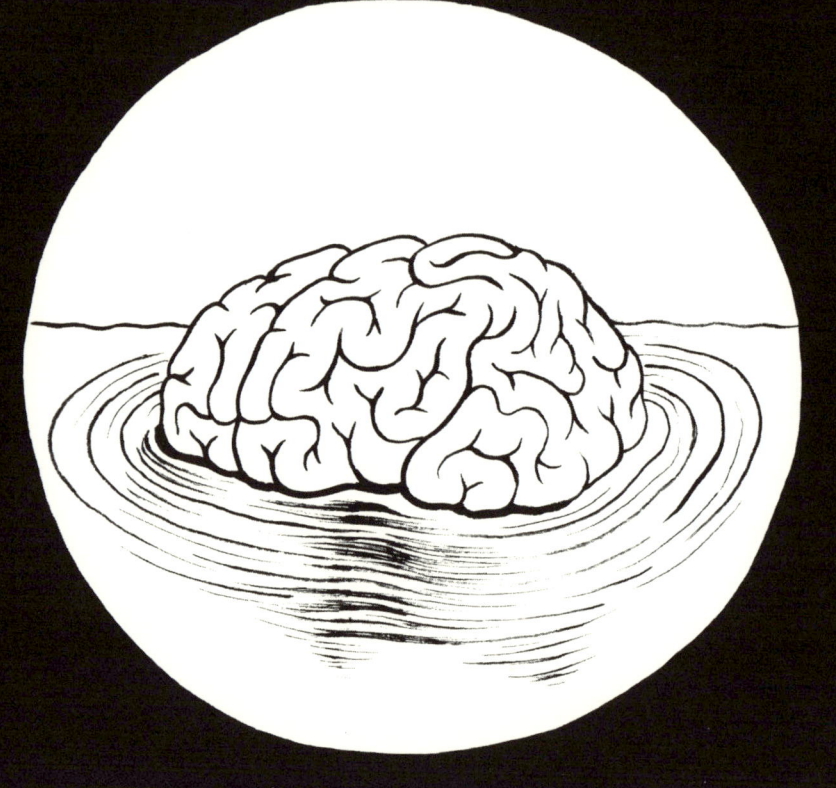

MEIN NAME IST **HANS BERGER**, ICH WAR DER ERSTE,
DER DIESE **„GEHIRNWELLEN"** BEOBACHTEN KONNTE – MIT DEM
ELEKTROENZEPHALOGRAPHEN, EINEM GERÄT, DAS ICH 1924
ERFUNDEN HABE UND DAS DIE ELEKTRISCHE AKTIVITÄT DES
GEHIRNS MIT HILFE VON AUF DER KOPFHAUT ANGEBRACHTEN
ELEKTRODEN AUFZEICHNET.

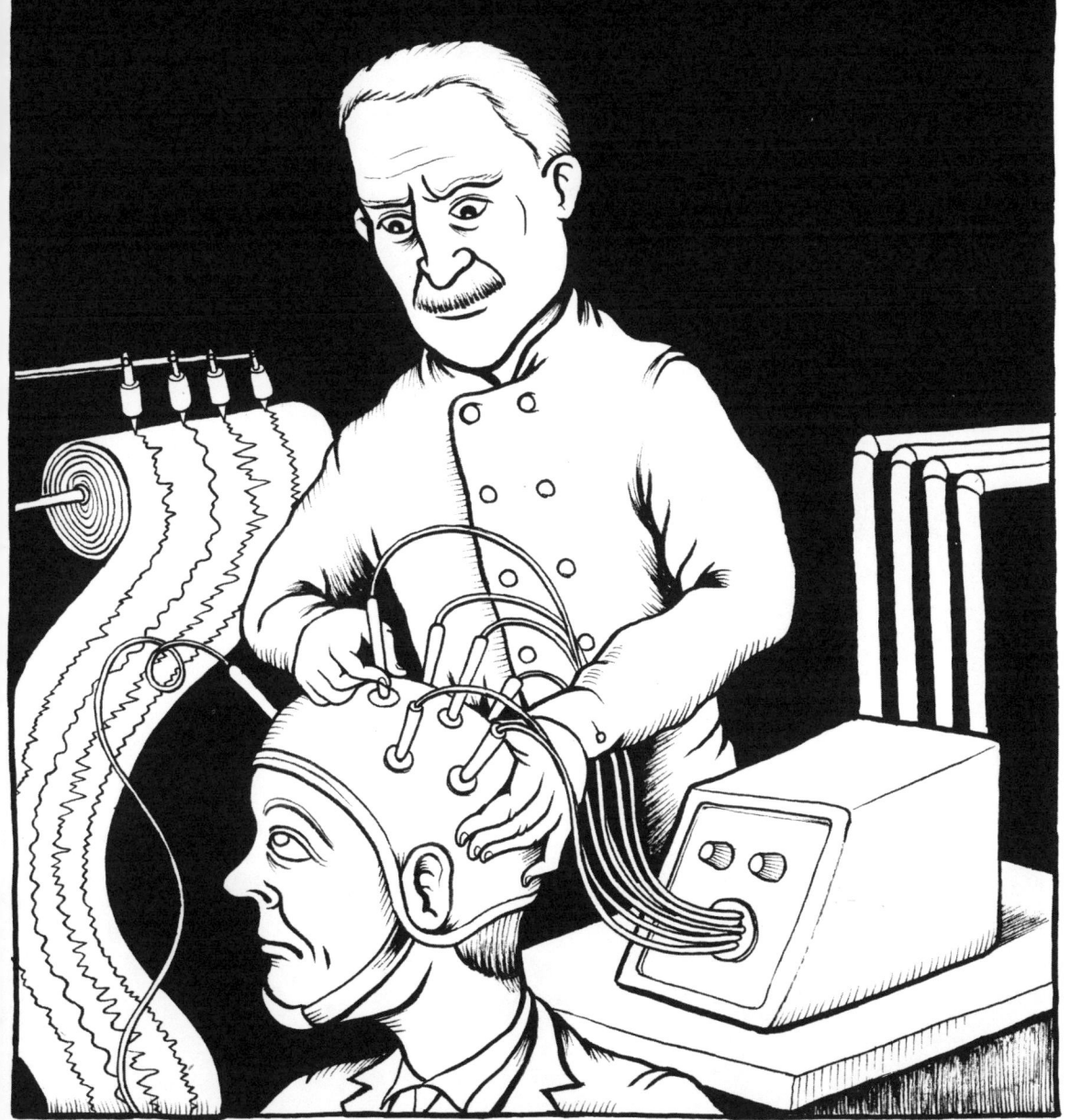

HEUTE GLAUBEN DIE WISSENSCHAFTLER, DASS DIESE WELLEN
KORRELIERTE AKTIVITÄTEN VON NEURONENPOPULATIONEN
WIDERSPIEGELN, WOBEI DIE SPITZENAUSSCHLÄGE AUF
MAXIMALE **SYNCHRONIZITÄT** HINWEISEN ...

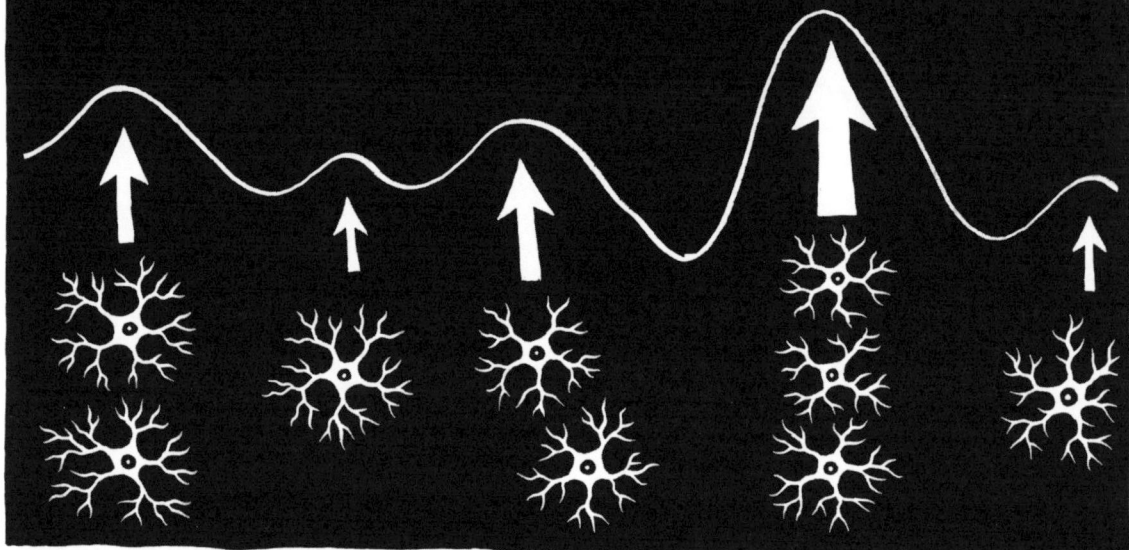

... ALLERDINGS IST UNKLAR, OB DIESE SYNCHRONIZITÄT
BLOSSER ZUFALL IST ODER OB ES SICH UM EINE ART
SINFONIE HANDELT, DEREN RHYTHMUS VOM GEHIRN ZUM
LESEN EINZELNER NEURONENSIGNALE VERWENDET WIRD.

... MÜSSEN DIESE BEREICHE ZUSAMMENWIRKEN, UND DIE GEHIRNWELLEN HELFEN DABEI, SIE ZU KOORDINIEREN.

DESHALB SIND GEHIRNWELLEN UND SYNCHRONIZITÄT SO WICHTIG: ES GIBT KEINE **ZENTRALE STEUERUNG!**

WAS WIR ALS UNSER ICH ERFAHREN, IST NUR DIE GLOBALE AKTIVITÄT DES GEHIRNS ALS EIN GANZES.

IRGENDEINE STEUERUNG MUSS ES DOCH GEBEN. ICH MEINE, WER BIN ICH? IST DAS GEHIRN NUR EINE MASCHINE?

NUN, DAS IST EINE FRAGE, DIE WISSENSCHAFTLER UND PHILOSOPHEN SCHON EINE WEILE BESCHÄFTIGT. LETZTLICH LÄUFT ALLES AUF DAS SOGENANNTE **DUALISMUS-PROBLEM** HINAUS:

IST MEIN GEIST ETWAS ANDERES ALS DAS GEHIRN?

ODER IST DER GEIST NUR EIN PRODUKT MEINES GEHIRNS?

MEINEN SIE MIT GEIST EINE ART „SEELE"?

NATÜRLICH DENKEN WISSENSCHAFTLER NICHT IN SOLCHEN KATEGORIEN ... ABER DER GEIST, ODER WAS AUCH IMMER UNS EIN **ICH-GEFÜHL** GIBT, IST DIE LETZTE BASTION DES IRRATIONALEN.

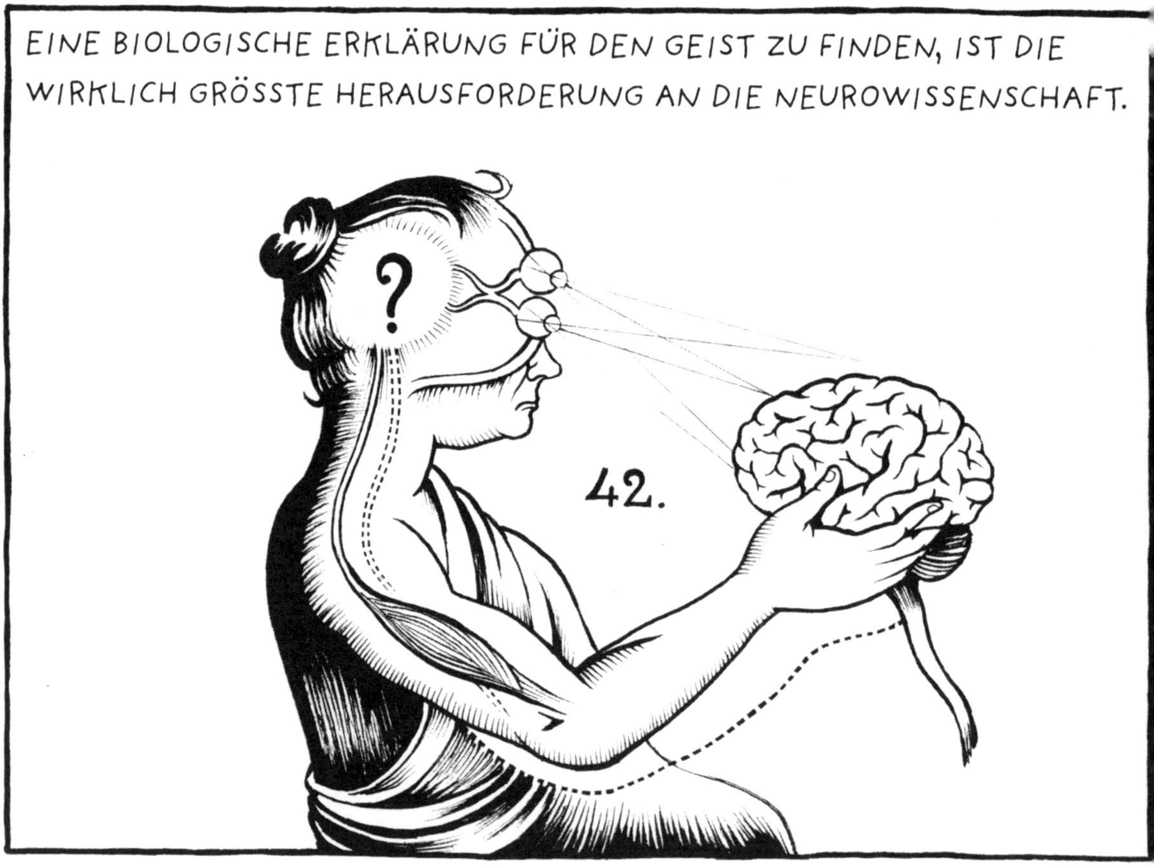

EINE BIOLOGISCHE ERKLÄRUNG FÜR DEN GEIST ZU FINDEN, IST DIE WIRKLICH GRÖSSTE HERAUSFORDERUNG AN DIE NEUROWISSENSCHAFT.

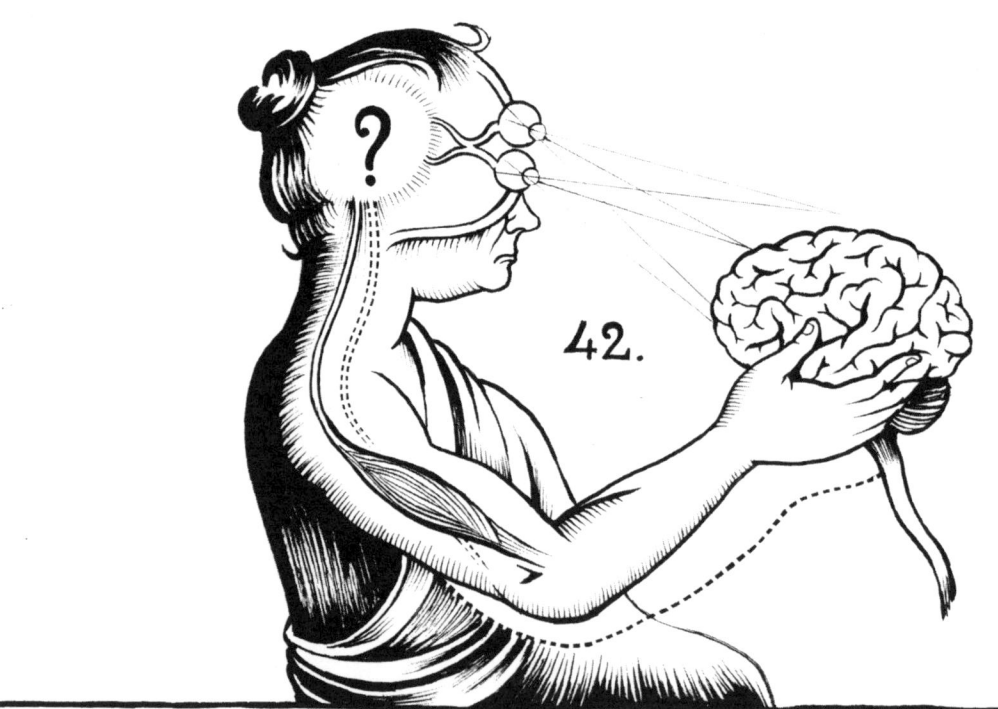

42.

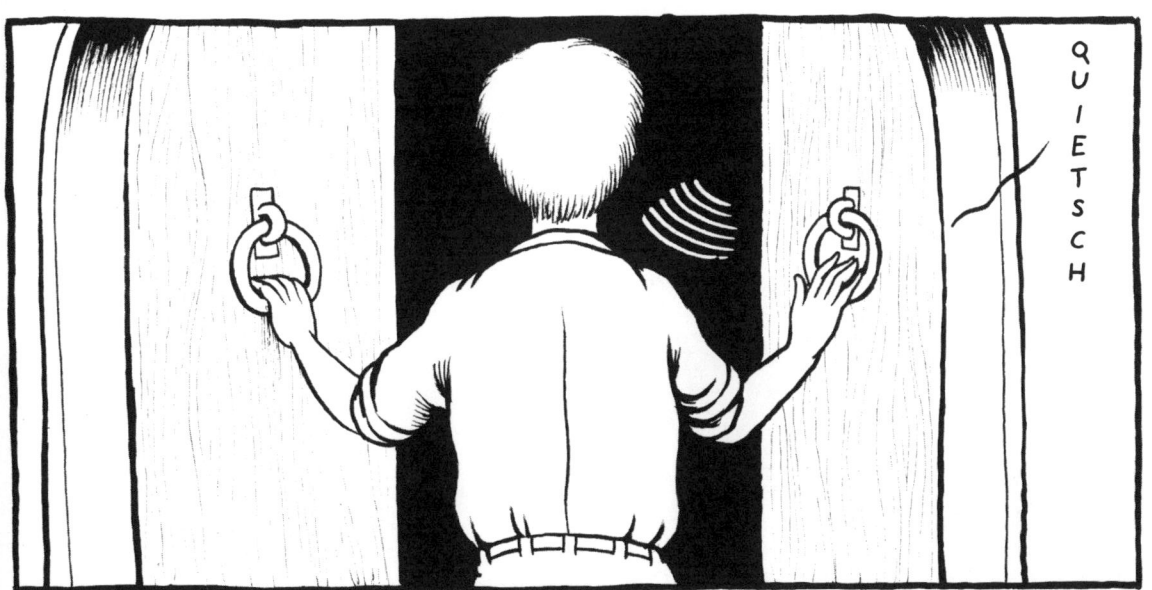

VIELLEICHT BIN ICH BLOSS IHRE **SEELE.**

HALTEN SIE MICH NICHT ZUM NARREN! ICH HABE IN DIESEM GEHIRN SCHON ALLES MÖGLICHE ERLEBT. JETZT FÜHREN SIE MICH GEFÄLLIGST HIER RAUS!

VORSICHT MIT IHREN WÜNSCHEN: WENN SIE IHREN GEIST VERLASSEN, WIRD IHRE WAHRNEHMUNG DER WIRKLICHKEIT WOMÖGLICH ETWAS DIFFUS ...

HALLUZINATIONEN, PARANOIA UND **WAHNVORSTELLUNGEN** GEHÖREN ZU DEN SYMPTOMEN KOMPLEXER **GEISTESSTÖRUNGEN** WIE ETWA DER SCHIZOPHRENIE.

WOLLEN SIE ETWA BEHAUPTEN, ICH LEIDE UNTER EINBILDUNGEN?

NA JA, ICH BIN NICHT DERJENIGE, DER KÖRPERLOSE STIMMEN HÖRT ...

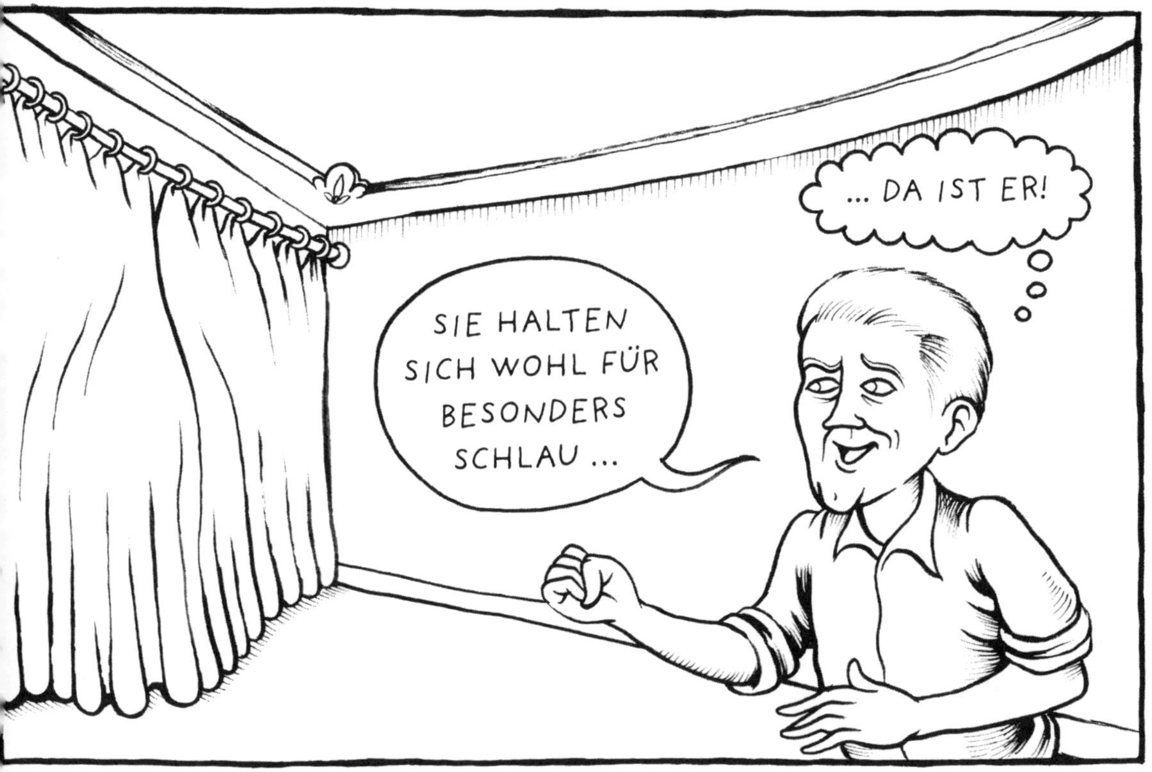
... DA IST ER!
SIE HALTEN SICH WOHL FÜR BESONDERS SCHLAU ...

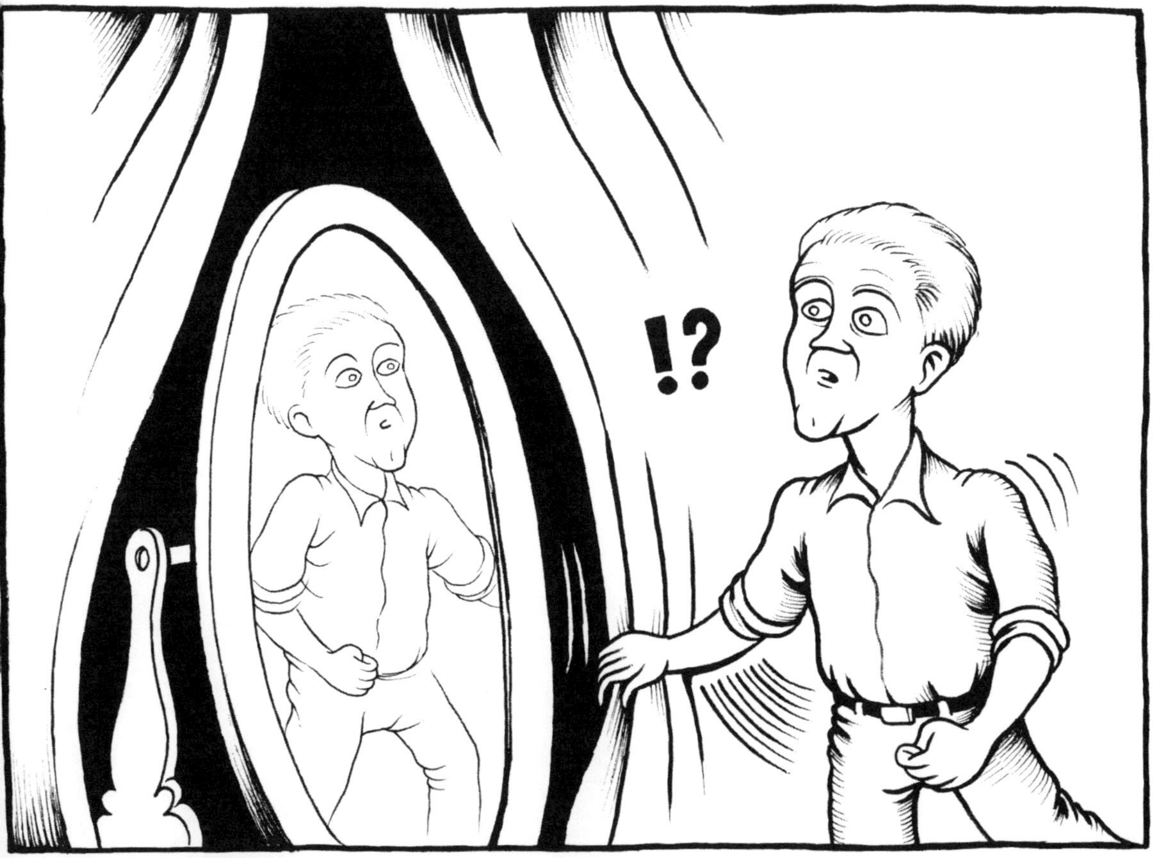
!?

TJA, JETZT HABEN SIE MICH ENDLICH GEFUNDEN ...

ES GIBT KEINE GESPENSTER, UND ES GIBT AUCH KEINE SEELE! DIE VORSTELLUNG VON DIR ALS EIN „SELBST", DAS DEIN GEHIRN BEWOHNT, IST EINE REINE ILLUSION; EIN BILD, DAS DAS GEHIRN VON SEINEM EIGENEN KÖRPER UND DESSEN AKTIVITÄTEN HAT ...

VIELLEICHT LIEGT DARIN DAS WAHRE GEHEIMNIS DES MENSCHLICHEN GEHIRNS: ES IST EIN GROSSARTIGER **GESCHICHTEN-ERZÄHLER.**

WIR HABEN DIE FÄHIGKEIT, UNS SELBST ZU TÄUSCHEN UND DINGE ZU SEHEN, DIE ES GAR NICHT GIBT ...

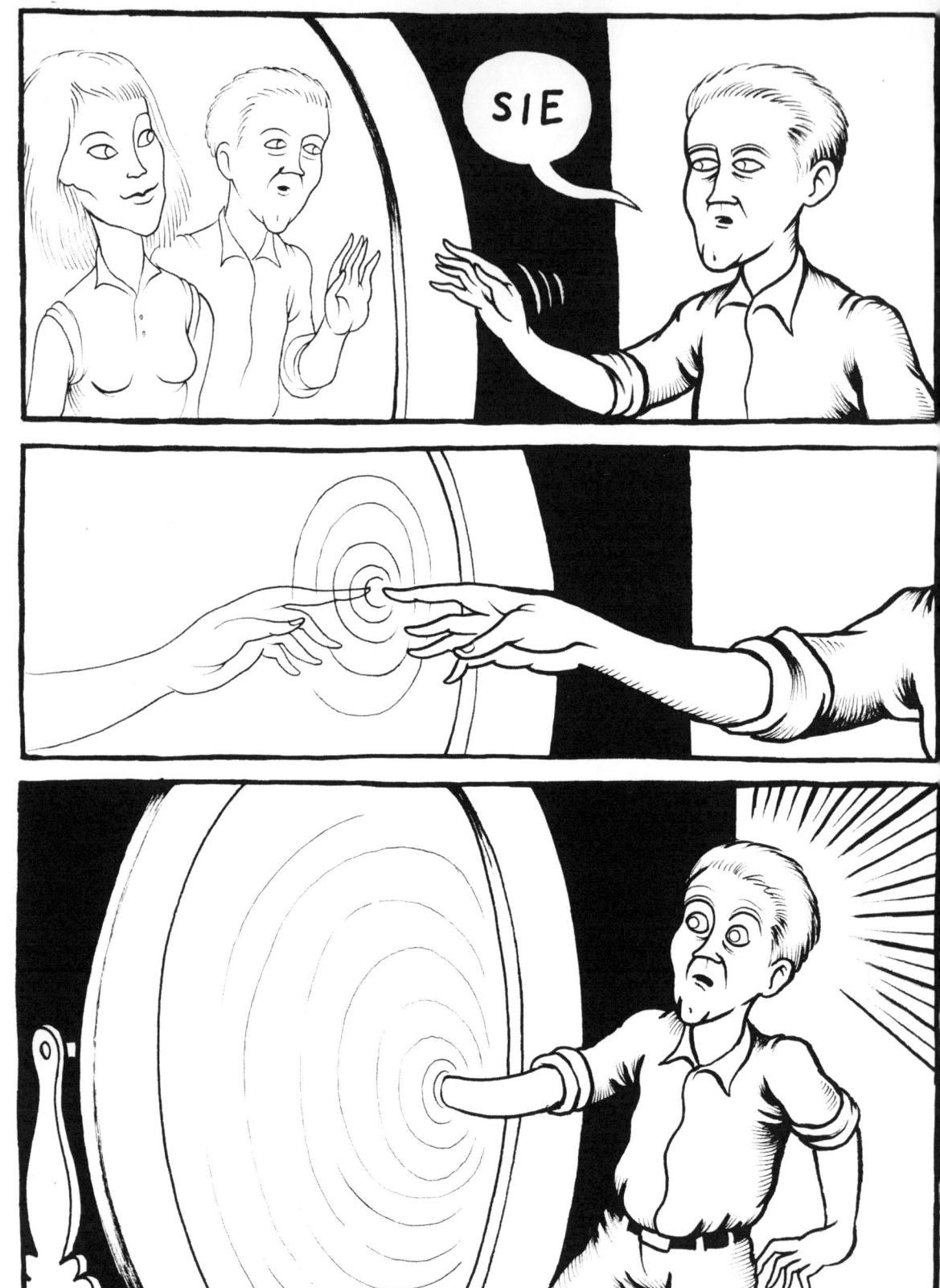

EPILOG

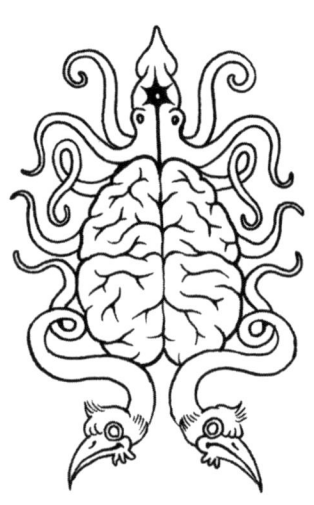

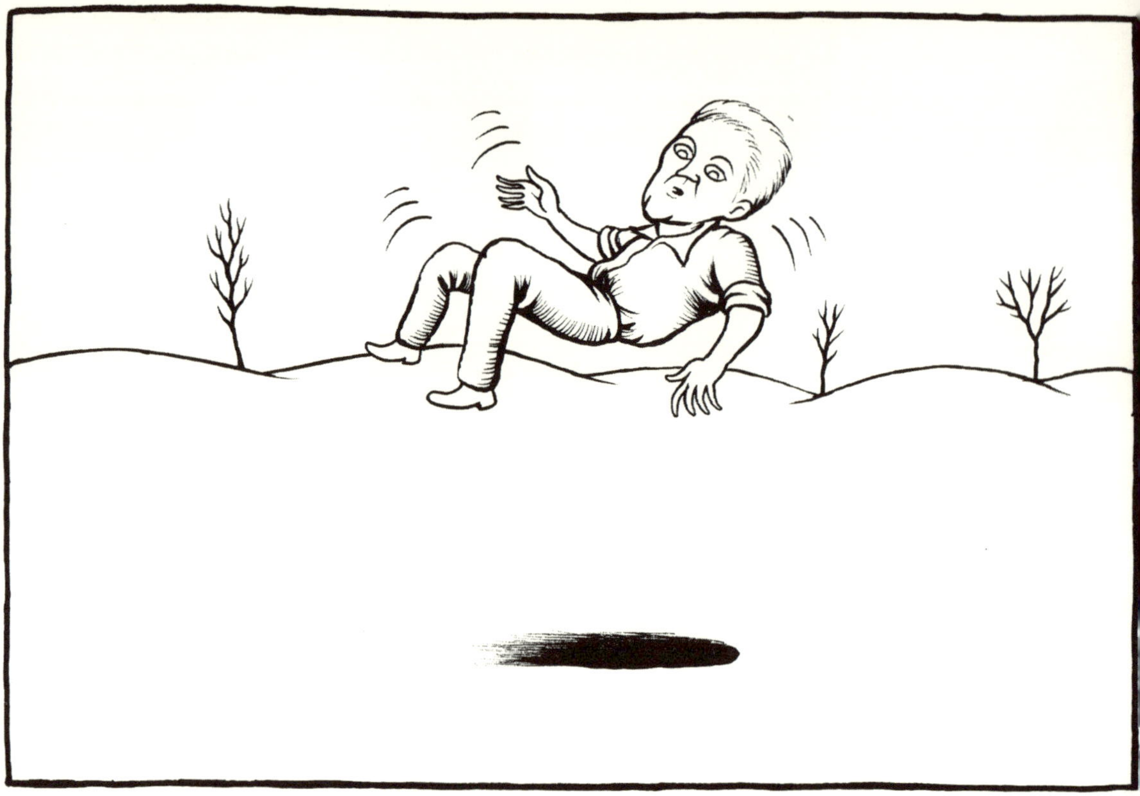

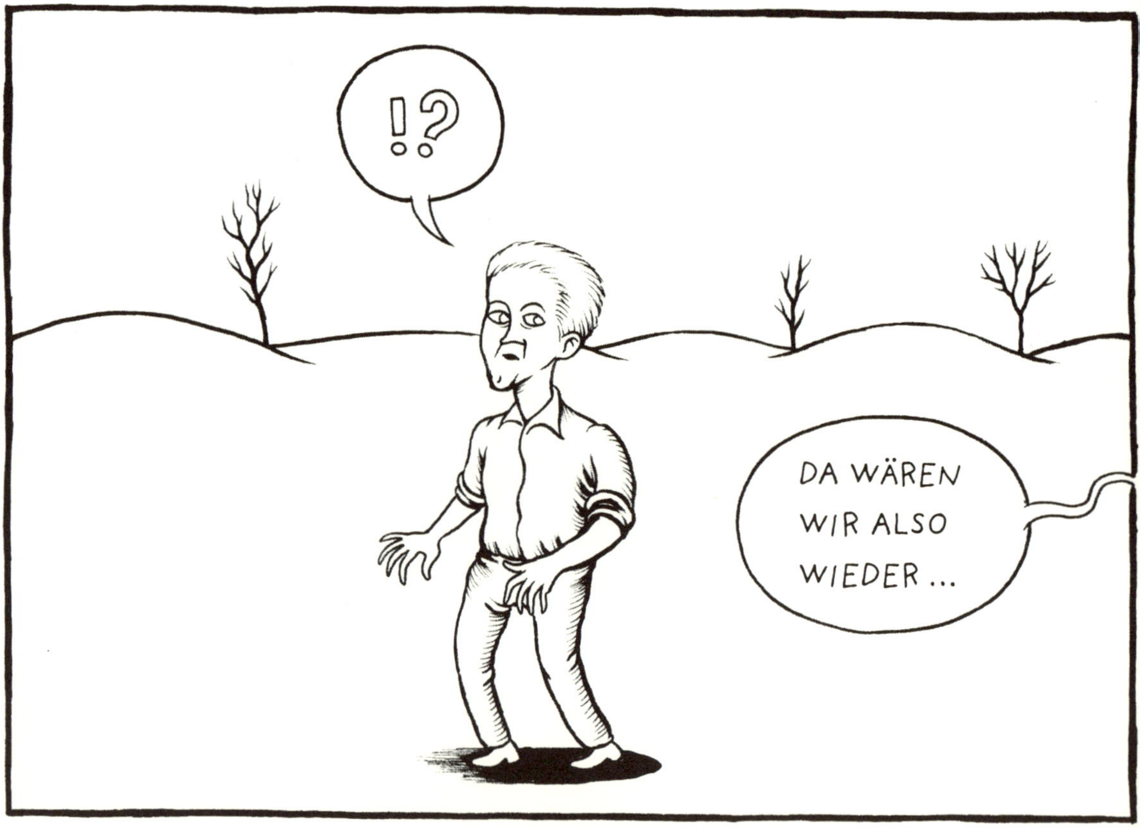
!?
DA WÄREN WIR ALSO WIEDER ...

UNSERE EXISTENZ HÄNGT VON DEN GEHIRNEN DER LESER AB,

COMICS
RICHTIG LESEN

SCOTT McCLOUD

DIE IMSTANDE SIND, BEWEGUNGEN ZU SEHEN UND GERÄUSCHE ZU HÖREN ...

... DIE NUR AUF DEM PAPIER EXISTIEREN.

UNSER GEHIRN SCHAFFT ES UNGLAUBLICH GUT, **MUSTER** UND **ZUSAMMENHÄNGE** ZU ERKENNEN UND HINTER DIE OBERFLÄCHE DER DINGE ZU BLICKEN ...

... ALLERDINGS MÜSSEN WIR UNS DAVOR HÜTEN, ZU VIELE MUTMASSUNGEN ÜBER DAS ANZUSTELLEN, WAS WIR NICHT WISSEN – DAS IST DIE GOLDENE REGEL DER **WISSENSCHAFT**.

WENN SICH ZUM BEISPIEL DIE POSITION EINES OBJEKTS VON BILD ZU BILD VERÄNDERT ...

... NEHMEN WIR AN, DASS ES DASSELBE OBJEKT IST, NUR ZEITVERSETZT.

DABEI SIND ES ZWEI VONEINANDER UNABHÄNGIGE BILDER ... DIE VERBINDUNG BESTEHT NUR IN IHREM KOPF!

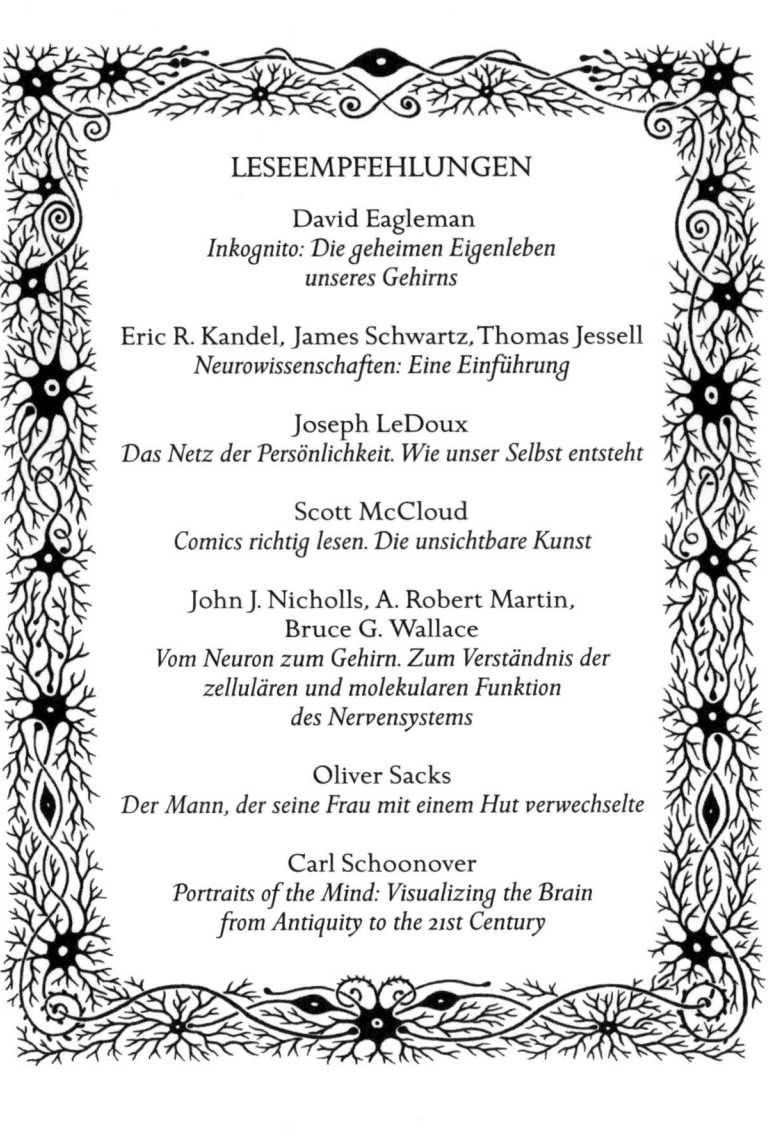

LESEEMPFEHLUNGEN

David Eagleman
*Inkognito: Die geheimen Eigenleben
unseres Gehirns*

Eric R. Kandel, James Schwartz, Thomas Jessell
Neurowissenschaften: Eine Einführung

Joseph LeDoux
Das Netz der Persönlichkeit. Wie unser Selbst entsteht

Scott McCloud
Comics richtig lesen. Die unsichtbare Kunst

John J. Nicholls, A. Robert Martin,
Bruce G. Wallace
*Vom Neuron zum Gehirn. Zum Verständnis der
zellulären und molekularen Funktion
des Nervensystems*

Oliver Sacks
Der Mann, der seine Frau mit einem Hut verwechselte

Carl Schoonover
*Portraits of the Mind: Visualizing the Brain
from Antiquity to the 21st Century*